元素の周期表

周期\族	1	2	3	4	5	6	7	8	9	10	11	12	13	14	15	16	17	18
1	1 **H** 水素 1.00784〜1.00811																	2 **He** ヘリウム 4.002602
2	3 **Li** リチウム 6.938〜6.997	4 **Be** ベリリウム 9.0121831											5 **B** ホウ素 10.806〜10.821	6 **C** 炭素 12.0096〜12.0116	7 **N** 窒素 14.00643〜14.00728	8 **O** 酸素 15.99903〜15.99977	9 **F** フッ素 18.998403163	10 **Ne** ネオン 20.1797
3	11 **Na** ナトリウム 22.98976928	12 **Mg** マグネシウム 24.304〜24.307											13 **Al** アルミニウム 26.9815384	14 **Si** ケイ素 28.084〜28.086	15 **P** リン 30.973761998	16 **S** 硫黄 32.059〜32.076	17 **Cl** 塩素 35.446〜35.457	18 **Ar** アルゴン 39.792〜39.963
4	19 **K** カリウム 39.0983	20 **Ca** カルシウム 40.078	21 **Sc** スカンジウム 44.955908	22 **Ti** チタン 47.867	23 **V** バナジウム 50.9415	24 **Cr** クロム 51.9961	25 **Mn** マンガン 54.938043	26 **Fe** 鉄 55.845	27 **Co** コバルト 58.933194	28 **Ni** ニッケル 58.6934	29 **Cu** 銅 63.546	30 **Zn** 亜鉛 65.38	31 **Ga** ガリウム 69.723	32 **Ge** ゲルマニウム 72.630	33 **As** ヒ素 74.921595	34 **Se** セレン 78.971	35 **Br** 臭素 79.901〜79.907	36 **Kr** クリプトン 83.798
5	37 **Rb** ルビジウム 85.4678	38 **Sr** ストロンチウム 87.62	39 **Y** イットリウム 88.90584	40 **Zr** ジルコニウム 91.224	41 **Nb** ニオブ 92.90637	42 **Mo** モリブデン 95.95	43 **Tc*** テクネチウム (99)	44 **Ru** ルテニウム 101.07	45 **Rh** ロジウム 102.90549	46 **Pd** パラジウム 106.42	47 **Ag** 銀 107.8682	48 **Cd** カドミウム 112.414	49 **In** インジウム 114.818	50 **Sn** スズ 118.710	51 **Sb** アンチモン 121.760	52 **Te** テルル 127.60	53 **I** ヨウ素 126.90447	54 **Xe** キセノン 131.293
6	55 **Cs** セシウム 132.90545196	56 **Ba** バリウム 137.327	57〜71 ランタノイド	72 **Hf** ハフニウム 178.486	73 **Ta** タンタル 180.94788	74 **W** タングステン 183.84	75 **Re** レニウム 186.207	76 **Os** オスミウム 190.23	77 **Ir** イリジウム 192.217	78 **Pt** 白金 195.084	79 **Au** 金 196.966570	80 **Hg** 水銀 200.592	81 **Tl** タリウム 204.382〜204.385	82 **Pb** 鉛 207.2	83 **Bi*** ビスマス 208.98040	84 **Po*** ポロニウム (210)	85 **At*** アスタチン (210)	86 **Rn*** ラドン (222)
7	87 **Fr*** フランシウム (223)	88 **Ra*** ラジウム (226)	89〜103 アクチノイド	104 **Rf*** ラザホージウム (267)	105 **Db*** ドブニウム (268)	106 **Sg*** シーボーギウム (271)	107 **Bh*** ボーリウム (272)	108 **Hs*** ハッシウム (277)	109 **Mt*** マイトネリウム (276)	110 **Ds*** ダームスタチウム (281)	111 **Rg*** レントゲニウム (280)	112 **Cn*** コペルニシウム (285)	113 **Nh*** ニホニウム (278)	114 **Fl*** フレロビウム (289)	115 **Mc*** モスコビウム (289)	116 **Lv*** リバモリウム (293)	117 **Ts*** テネシン (293)	118 **Og*** オガネソン (294)

ランタノイド	57 **La** ランタン 138.90547	58 **Ce** セリウム 140.116	59 **Pr** プラセオジム 140.90766	60 **Nd** ネオジム 144.242	61 **Pm*** プロメチウム (145)	62 **Sm** サマリウム 150.36	63 **Eu** ユウロピウム 151.964	64 **Gd** ガドリニウム 157.25	65 **Tb** テルビウム 158.925354	66 **Dy** ジスプロシウム 162.500	67 **Ho** ホルミウム 164.930328	68 **Er** エルビウム 167.259	69 **Tm** ツリウム 168.934218	70 **Yb** イッテルビウム 173.045	71 **Lu** ルテチウム 174.9668
アクチノイド	89 **Ac*** アクチニウム (227)	90 **Th*** トリウム 232.0377	91 **Pa*** プロトアクチニウム 231.03588	92 **U*** ウラン 238.02891	93 **Np*** ネプツニウム (237)	94 **Pu*** プルトニウム (239)	95 **Am*** アメリシウム (243)	96 **Cm*** キュリウム (247)	97 **Bk*** バークリウム (247)	98 **Cf*** カリホルニウム (252)	99 **Es*** アインスタイニウム (252)	100 **Fm*** フェルミウム (257)	101 **Md*** メンデレビウム (258)	102 **No*** ノーベリウム (259)	103 **Lr*** ローレンシウム (262)

原子番号 1 **H** — 元素記号 注1
元素名 水素
原子量 (2020) 注2

注1：元素記号の右肩の*はその元素には安定同位体が存在しないことを示す。そのような元素については放射性同位体の質量数の一例を( )内に示した。ただし、Bi, Th, Pa, Uについては天然で特定の同位体組成を示すので原子量が与えられる。

注2：この周期表には最新の原子量が示されている。原子量は単一の数値あるいは変動範囲で示されている。その13元素には複数の安定同位体が存在し、その組成が天然において大きく変動するため単一の数値で原子量が与えられない。その他の71元素については、原子量の不確かさは示された数値の最後の桁にある。

備考：原子番号104番以後の超アクチノイドの周期表の位置は暫定的である。

© 日本化学会 原子量専門委員会

新版ライフサイエンス系の無機化学

八木康一
編 著
能野秀典
矢沢道生
桑山秀人
共 著

三共出版

新版まえがき

「ライフサイエンス系の無機化学」の旧版を出してから10年あまりたった。その間に生物の研究は科学の大きな研究領域に発展した。その流れにのって，生物の無機化学も注目を集めている。10年前にこの旧版を書いたころ，一般化学を学ばずに無機化学を履修する学生もいるという状況だった。その時は，まず化学の基本を理解する必要があると考えたので，典型元素に重点を置いた。しかし生物の無機化学が先端的な生物研究に深い関わりを持つようになった現状では，生物で重要な働きをしている金属元素に注目せざるを得ない。生物に見られる金属元素の中で多数を占めているのは遷移元素である。新版では遷移金属に関する説明を大幅に書き換え，6章とした。遷移金属を分かりやすい言葉で説明するのは容易ではないが，その困難に配慮したつもりである。遷移金属の記述に先立ち新版では電解質に関する5章を新たに加えた。生体内で遷移金属はイオンとして存在し，機能している。イオンに関してやや定量的な取り扱いにも慣れてもらいたいと考えたからである。7章の生命現象に関わる無機金属元素の知見についても，生物研究の進歩によって注目されている遺伝子の新しい知識を取り入れた。

存在が確認されている元素は100余りある。しかし希元素は生物にふくまれていないし，生物が利用している元素の数は20ほどである。この本では，生物に含まれている元素には特に注目して考察した。いろいろな面からもご指摘頂ければ幸甚である。

新版の出版に際して辛抱強くお待ちいただいた，三共出版の石山慎二氏と編集部の方々に感謝します。

2009年4月

執筆者一同

旧版まえがき

　この本はライフサイエンス系の学部の学生が，無機化学を学ぶときの教科書・参考書として役にたつことを考えて，初歩的な化学についてわかりやすく説明するところからはじめた。一般化学の基礎を十分消化しないまま，無機化学を学ぶこともあるという現状を考慮してのことである。

　現在知られている元素は天然に存在することがわかっているものだけで，おおよそ100種類ある。有機化学や生化学は，それら約100種類の元素のうち，小さいほうから6番目の元素である炭素の化合物を主な対象にした化学である。炭素の化合物には，タンパク質や核酸など生命にとって重要な巨大分子が含まれている。一方，無機化学は100種類すべての元素を対象としている。この教科書は数多い元素のうち，生命活動に不可欠で生体での機能が明らかにされている元素を選び，ライフサイエンス系の無機化学として組み立てた。

　1章では，化学の基礎をできるだけ普通の言葉で説明した。2章，3章と4章では，周期表のなかでの典型元素の位置を理解することが化学の基本であることを示した。ここまで読んでs元素・p元素の性質を表面的にでも理解すれば，これだけはという化学の肝心なところは会得できたものと思う。

　5章では，遷移元素の特徴を説明した。遷移元素はわかりにくい元素であるが，生命活動に関与しているものが多いことが理解できるだろう。1章から5章までの章末問題を解くことで理解を深めてほしい。

　6章では，生体内における金属イオンの分布や動きをかなり具体的に示した。また生物にとって重要な巨大分子・・タンパク質・・が機能するためには鉄や銅などの遷移元素あるいはカルシウムなどが必須因子であることを，構造や機能がわかっているタンパク質分子を例として述べた。ライフサイエンス側からの話題提供，という程度に受け取ってもらってもよい。

　本書の出版に際して辛抱強くお待ちいただいた，三共出版の石山慎二氏と編集部の方々に感謝します。

1997年1月

執筆者一同

目　　次

1章　元素と原子の性質

- 1・1　はじめに　…………………………………………………………………… 1
  - 1・1・1　化学の誕生　………………………………………………………… 1
  - 1・1・2　元素，原子とは　…………………………………………………… 2
  - 1・1・3　"モル"化学で最も大切な単位　…………………………………… 3
- 1・2　原子の構造　………………………………………………………………… 5
  - 1・2・1　原子の大きさ　……………………………………………………… 5
  - 1・2・2　陽子の数と質量　…………………………………………………… 6
  - 1・2・3　同　位　体　………………………………………………………… 6
  - 1・2・4　電子配置と軌道　…………………………………………………… 7
  - 1・2・5　典型元素と遷移元素　……………………………………………… 9
- 1・3　周　期　表　………………………………………………………………… 9
  - 1・3・1　周期表に基づく元素の分類　……………………………………… 9
  - 1・3・2　イオン化エネルギー　……………………………………………… 10
  - 1・3・3　電子親和力　………………………………………………………… 11
- 1・4　化　学　結　合　…………………………………………………………… 11
  - 1・4・1　結合に関わる最外殻電子　………………………………………… 11
  - 1・4・2　イオン結合　………………………………………………………… 12
  - 1・4・3　共有結合　…………………………………………………………… 12
  - 1・4・4　配位結合　…………………………………………………………… 12
  - 1・4・5　分子の極性　………………………………………………………… 13
- 練習問題　…………………………………………………………………………… 14

2章　希ガス(0族)元素と水素

- 2・1　希ガス(0族)元素　………………………………………………………… 15
  - 2・1・1　希ガスの化学的性質と電子構造(閉殻構造と八隅子説)　……… 15
- 2・2　水　　　素　………………………………………………………………… 17
  - 2・2・1　水素原子の構造，水素化合物の例　……………………………… 17
  - 2・2・2　水素イオン(H^+)　………………………………………………… 19
  - 2・2・3　生物にとって重要な水素化合物"水"　…………………………… 20
- 練習問題　…………………………………………………………………………… 21

3章　典型元素Ⅰ（s元素）

3・1　s元素とは ··22
3・2　1A族（アルカリ金属元素） ···22
　3・2・1　一般的性質 ···22
　3・2・2　主な化合物 ···24
3・3　2A族元素（アルカリ土類金属元素） ·······································25
　3・3・1　一般的性質 ···25
　3・3・2　主な化合物 ···26
練習問題 ···27

4章　典型元素Ⅱ（p元素）

4・1　p元素とは ··28
4・2　3A族元素（ホウ素族元素；B, Al, Ga, In, Tl） ·······························29
　4・2・1　一般的性質 ···29
　4・2・2　アルミニウム（Al） ···30
4・3　4A族元素（炭素族元素；C, Si, Ge, Sn, Pb） ·································32
　4・3・1　一般的性質 ···32
　4・3・2　炭　　素（C） ··33
　4・3・3　ケ イ 素（Si） ···36
4・4　5A族元素（窒素族元素；N, P, As, Sb, Bi） ···································37
　4・4・1　一般的性質 ···37
　4・4・2　窒　　素（N） ··38
　4・4・3　リ　　ン（P） ··42
4・5　6A族元素（酸素族元素）；O, S, Se, Te, Po） ································43
　4・5・1　一般的性質 ···43
　4・5・2　酸　　素（O） ··44
　4・5・3　硫　　黄（S） ··50
　4・5・4　セ レ ン（Se） ···52
4・6　7A族元素（ハロゲン元素；F, Cl, Br, I, At） ·································54
　4・6・1　一般的性質 ···54
　4・6・2　フ ッ 素（F） ··55
　4・6・3　塩　　素（Cl） ···56
　4・6・4　ヨ ウ 素（I） ··57
練習問題 ···58

5章　電　解　質(Electrolyte)(水，弱酸の取り扱い)

- 5・1　水，イオン ………………………………………………………………59
  - 5・1・1　電　解　質 …………………………………………………………59
  - 5・1・2　モル電気伝導度，Λ_0 ……………………………………………60
  - 5・1・3　イオン独立移動の法則 ………………………………………………61
  - 5・1・4　電　離　度，α ……………………………………………………62
  - 5・1・5　水の場合を考える ……………………………………………………62
  - 5・1・6　弱酸(弱電解質である酸)の取り扱い ………………………………63
- 5・2　弱酸に塩基を加える(中和反応) ……………………………………………65
  - 5・2・1　中　和　反　応 ………………………………………………………65
  - 5・2・2　弱酸の中和反応 ………………………………………………………65
- 5・3　生体内における重要な pH 酸緩衝作用 ……………………………………67
  - 5・3・1　リ　ン　酸　系 ………………………………………………………67
  - 5・3・2　炭酸緩衝系 ……………………………………………………………68
- 練　習　問　題 ………………………………………………………………………69

6章　遷　移　元　素(d元素)

- 6・1　d元素の一般的性質 …………………………………………………………71
- 6・2　d元素のイオン化 ……………………………………………………………73
  - 6・2・1　イオン化傾向 …………………………………………………………73
  - 6・2・2　d元素のイオン化エネルギー ………………………………………73
  - 6・2・3　d元素イオンの外殻電子 ……………………………………………74
  - 6・2・4　イオンの水和 …………………………………………………………75
- 6・3　d元素と錯体 …………………………………………………………………76
  - 6・3・1　錯体と配位子 …………………………………………………………76
  - 6・3・2　d元素イオンの配位結合と希ガス型電子構造 ……………………77
  - 6・3・3　配位子に依存するd元素イオンの安定な原子価 …………………80
  - 6・3・4　配位子に依存する錯イオンの色と構造 ……………………………80
  - 6・3・5　多座配位子 ……………………………………………………………81
  - 6・3・6　化学平衡と錯体の安定度定数 ………………………………………83
- 6・4　d元素と酸化・還元反応 ……………………………………………………84
  - 6・4・1　遷移金属イオンの酸化と還元 ………………………………………84
  - 6・4・2　酸化還元の反応方向と電池の起電力 ………………………………85
  - 6・4・3　標準電極電位 …………………………………………………………86
  - 6・4・4　実際の酸化還元反応と標準電極電位 ………………………………87

6・4・5　錯体の分子構造と分子軌道 89
　6・5　生物における遷移元素 90
　　　6・5・1　バナジウム 90
　　　6・5・2　クロムとモリブデン 91
　　　6・5・3　マンガン 93
　　　6・5・4　鉄 95
　　　6・5・5　コバルト 98
　　　6・5・6　ニッケル 98
　　　6・5・7　銅 99
　　　6・5・8　亜鉛とカドミウム 100
　練習問題 101

7章　生命現象と金属元素

　7・1　細胞膜を隔てたイオン濃度のバランス 104
　　　7・1・1　細胞の内外でイオンの分布は異なる 104
　　　7・1・2　イオンポンプとイオンチャネル 105
　　　7・1・3　細胞内イオン濃度と浸透圧の調節 109
　　　7・1・4　イオンチャネルと神経 109
　7・2　生命活動とエネルギー 111
　　　7・2・1　細胞が使えるエネルギー 111
　　　7・2・2　アデノシン三リン酸(ATP) 112
　　　7・2・3　ミトコンドリアでのATPの合成 113
　　　7・2・4　クロロプラストでの光合成とATPの合成 116
　　　7・2・5　電子キャリアの構造 119
　7・3　物質の輸送 123
　　　7・3・1　ヘモグロビンと酸素の輸送 124
　　　7・3・2　ヘモグロビンと二酸化炭素の輸送 128
　　　7・3・3　その他の物質の輸送 129
　7・4　生命活動と物質の変換 129
　　　7・4・1　金属イオンと酵素 130
　　　7・4・2　酸素の酸化力と毒性 133
　7・5　化学反応速度の調節と生命 134
　　　7・5・1　酵素活性の調節 135
　　　7・5・2　刺激に対する細胞の応答－酵素の活性化 135
　7・6　遺伝情報と金属元素 138
　　　7・6・1　核酸はヌクレオシドリン酸のポリマー 138

7・6・2　DNA は二重らせん構造 ································· 139
　7・6・3　遺伝情報の発現と調節 – 金属元素が機能できる過程 ·········· 140
　7・6・4　遺伝子構造の変異と損傷 – 進化と発ガン ···················· 144

練習問題の解答例 ·· 147
索　　引 ·· 153

1章　元素と原子の性質

1・1　はじめに

1・1・1　化学の誕生

　化学はギリシャ・エジプトやインド・中国でそれぞれ独立に発展した。紅海のアカバ湾に面したところには3千年前の銅山の跡がある。銅はそのころすでに使われていたということだが，銅の合金や鉄をもちいて武器をつくる冶金の技術によって化学は発展してきた。人間の歴史は一面では戦いの歴史でもあることを示している。またエジプトではヒトをミイラにして保存する方法に強い関心があり，中国では不老長寿の薬を見つけたいという欲求があった。寿命への執着のあらわれだろう。エジプトと中国で生まれた錬金術によって，物質の抽出・精製の技術は著しく進歩し，物質の博物学という**化学**のもつ特徴が育てられた。また，錬金術の発展にはイスラム教・キリスト教・道教が深い関わりを持っていたようだ。

　このようにして育ってきた化学の技術は，ギリシャで生まれた自然哲学の思考の中から導かれた**元素・原子**の概念に支えられて，化学という学問の形がととのえられてきた。

　化学の進歩とともに，**無機化学**と**有機化学**という大きな学問分野も生まれた。無機化学は地球を構成する鉱物由来の物質を対象にして発展し，有機化学は生物由来の物質を対象にしてきた。有機化学の研究では，炭素化合物である有機物質を生物から抽出し，その合成を行ってきたが，その実験はベンゼンやアルコールのような有機溶媒のなかで行うことが多い。これに対して，人類は古くから酒を造ることを知っていたが，水を溶媒とする有機化合物の研究に発展した。タンパク質や核酸などの生体高分子を研究する**生化学**である。生物に鉄・ナトリウム・カルシウムなどの元素が必要なことは古くから知られていたが，生物の化学研究が進むと，生体内での無機金属元素の働きが次第に明らかになってきた。銅や亜鉛のような金属元素が生命の維持に不可欠なことが明らかになると，生命現象を理解するための基礎として，無機化学が注目された。無機化学は多数の元素を主体に組み立てられているが，ライフサイエンスのための無機化学とか医学に必要な無機化学という分野が生まれた。

1・1・2 元素，原子とは

古代ギリシャの哲学者によれば，宇宙を構成している基本となる材料があるはずで，この物質を**元素**と名付けた。それは空気(気体)であり，水(液体)であり，土(固体)であり，火(エネルギー)であった。

一方，あらゆる物質は小さく分割することができるが，それ以上小さく分割することのできない究極の小粒子にたどりつくだろうと考えた。この究極の小粒子は**原子**と名付けられた。

ギリシャ哲学から生まれた元素と原子の概念は，錬金術とそれに続く化学の歴史を経て，18世紀にはその実態が解明された。原子は**原子核**1個と**電子**からなり，原子核は**陽子**と**中性子**からなることが明らかになった。陽子，中性子，電子の質量も測定された。その値を表1-1に示した。各元素はそれぞれ特有の原子よりなることが示され，それぞれの原子に含まれる陽子，中性子，電子の数も明らかにされた。

表 1-1　陽子，中性子，電子の質量

	質量(kg)	電荷
陽　子	1.673×10^{-27}	$+1$
中性子	1.675×10^{-27}	なし
電　子	9.11×10^{-31}	-1

各原子の質量も求められた。炭素を例にとると，炭素の原子核は6個の陽子と中性子6個からなる。炭素原子には負電荷の電子6個も含まれていて，陽子6個の正電荷を中和している。炭素原子1個の質量は陽子6個と中性子6個と電子6個の質量の総和になる。電子1個の質量は陽子や中性子の質量と比べて1/1,840と小さいので無視しても差し支えない。したがって，炭素原子の質量は陽子数6と中性子数6から両者の質量の総和で表すことができる。12を炭素原子の質量数と呼ぶ。一般にその原子の陽子数と中性子数の和を**質量数**と呼ぶ。実際には**質量欠損**[※]という現象のために，炭素原子1個の質量は1.992×10^{-23}(g)になる。

炭素原子の質量は1.992×10^{-23} gと求められたが，この原子1個の質量はあまりにも小さいので，日常生活で用いているグラム単位の感覚では扱うことができない。地球上に天然に存在する元素のなかでも重たいウランは，陽子92個をもつ原子番号は92の元素であるが，この大きな原子であるウランでもその1個の質量は3.953×10^{-22} gである。

このように原子一つ一つは極めて小さい。しかし同じ原子が"たくさん"あつまって一

※　質量欠損
　炭素原子1個の質量を陽子6個と中性子6個の質量の和として表1-1の値を用いて計算すると20.088×10^{-24} gになる。しかし核の中で陽子と中性子が結合するとき質量欠損が生じることが分かっている。質量欠損は陽子と中性子1個あたり1.424×10^{-26} gなので，炭素原子では1.70×10^{-25} gとなり，質量欠損を考慮に入れた炭素原子の質量は1.992×10^{-23} gである。

つの集団になると，それを手にとって見ることもできる。小さすぎる質量を扱いやすい大きさにするために，原子を集団としてあつかう「モル」の考え方が生まれた。また自然界から取り出され，性質を調べて単一物質と認められると，その物質に固有の名前が与えられてきた。その名前が昔から知られている元素名である。

> **たくさんはとてつもなく "たくさん" なのである**
>
> "たくさん"という表現はあいまいであるが，あとでアボガドロ数とモルについて説明するところで，実は $6×10^{23}$ という大きな数を単位にした量であることが明らかになる。
>
> 観察できる量，測定可能な量がまとまった条件で，化学の反応などの実験が行われる。化学実験では，一つの原子や一つの分子を扱うことはほとんどない。モルの単位で扱われる。ところが生物化学では，タンパク質や遺伝子の1分子を直接観察し，反応を解析することが行われている。

各元素にはそれぞれ**原子番号**が与えられている。原子番号は各元素を構成する原子がもつ陽子の数を表す。すべての原子は原子番号と固有の元素名をもっているともいえる。したがって，元素を原子番号で呼んでもいいのだが，歴史的な元素の名前が定着しているので，例えば原子番号8番の原子からなる元素というよりも酸素と言った方がすぐ分かる。このように原子番号はちょっと親しみのもてない数字だが，その元素の周期表（1・3で述べる）の中での位置も示しているので，その元素の基本的性質はある程度把握できる。化学が分かりやすくなるだろう。

化学では物質を単体と化合物に分けている。この物質が一つの元素で構成されているときは**単体**と呼ぶ。それに対して，その物質がいくつかの元素からなり，それらの元素が決まった割合で結合していると**化合物**と呼ぶ。

1・1・3 "モル" 化学で最も大切な単位

モルは化学のなかでひろく使われている単位であるが，分かりにくいと思われているようだ。

化学は17世紀までの長い間錬金術に支配されていたが，18世紀になると質量保存の法則，定比例の法則，倍数比例の法則が発見されて，各元素それぞれの原子の相対的な質量を求めることができるようになった。化学を定量的にあつかう素地が生まれたのである。

ドルトンは各元素の原子は独自の**原子量**をもつと考え，一番小さな元素である水素の質量を1と仮定して，水素の原子量を1と決めた。水素を基準にして他の原子の**相対質量**を求め，この相対質量で他の原子の原子量を表すことを提案した。相対質量を求めて原子量としたことは化学の歴史前半の大きな成果であった。いまは，炭素12を基準にして各元素の原子量が求められている。相対値であるから原子量は無名数である。**分子量**はその分子を構成する原子の原子量の和である。原子量に基づいて求められた分子量も無名数である。

> **化合物を構成する原子の重量比は一定**
>
> 　化学反応をはじめる前に全体の目方を測っておき，反応がおわってからもう1度目方を測ると，全体の重量は変化していないことが分かる。例えば，生石灰をフラスコにいれて，封をして放置すると，生石灰は炭酸カルシウムに変わる。二酸化炭素が空気中から生石灰へ移動した結果である。しかし，全体の重量は変化しない。このような結果から，質量保存の法則が導かれた。
>
> 　この反応において，生石灰のカルシウムと酸素の重量の比は，2.5：1という一定の比例関係を示す。化学的に合成しても，天然に存在するものでも，この比例関係はかわらない。この関係を定比例の法則という。酸素の相対質量が16になれば，カルシウムの相対質量は$16 \times 2.5 = 40$と求められる。

　このようにして与えられた元素の原子量にグラムをつけて，それをその元素の1モルの質量と決めた。炭素は12グラムが炭素原子1モルの質量，水素は1グラムを水素原子1モルの質量と決めたのである。また分子の場合は水素分子 H_2 の2グラムを水素分子1モルの質量とした。水分子（H_2O）の場合は18グラムを水分子1モルの質量としたのである。モルという単位で考えると，その質量は測定しやすいグラムの大きさになるので，広く使われ化学の進歩に役立っている。

　すでに述べたように，炭素原子1個の質量は 1.992×10^{-23} g である。炭素1モルの12 g に含まれる炭素原子の数は，$12/(1.992 \times 10^{-23})$ で求められる。その値は 6.02×10^{23} 個になる。炭素原子1個の質量は小さすぎるが，6.02×10^{23} 個まとめた集団を考えると12 g というわかりやすい物理量になる。

　他の元素の原子量について，おなじ計算をするとやはり 6.02×10^{23} という値が得られる。ドルトンの提案で決められた原子量は，各原子を 6.02×10^{23} 個あつめた質量だった。6.02×10^{23} 個の原子よりなる集団の物理量を1モルと定義し，記号 mol で表す。モルという単位の物理量は，実験室で扱いやすく感覚的にも受け入れやすいので広く利用されている。前に"たくさん"の原子が集まって測定できるようになると書いた，"たくさん"は 6.02×10^{23} という本当に大きな値であった。

　この 6.02×10^{23} という大きな値は**アボガドロ数**と名付けられている。アボガドロ数を正確に求めた実験に触れておこう。水素や酸素の気体は常温・1気圧で H_2 または O_2 という分子の状態で存在する。分子は1個1個独立で自由に運動している（厳密に言えば，非常に希薄な濃度の気体にだけ当てはまる）。その状態では，水素分子どうしの間の距離の平均値は，酸素分子どうしの距離の平均値とおなじと見做して差し支えない。したがって，水素と酸素の分子量は違っても，希薄な状態で水素1モルの占める体積と，同じ数の酸素すなわち酸素1モルの占める体積は同じになるはずである。この見方にしたがって「同数の気体分子は同じ体積を占める」という仮説が提案された。この説は50年も経ってから1860年に開かれた第1回国際化学会議で認められた。提案していたのはアボガドロであ

る。
　0℃・1気圧で1モルの気体の占める体積は 22.4 l であった。いろいろな元素の気体について測定した結果は，すべて 22.4 l を示した。22.4 l のなかにある分子の数は，気体の拡散定数，気体のブラウン運動および X 線結晶解析から結晶格子のなかの原子や分子の数を求める実験などによって決められている。それはいずれも約 $6×10^{23}$ という大きな値だった。

　現在広く使われているアボガドロ数は $6.02×10^{23}$ である。この数は 1 モル中の原子または分子の数を表す。アボガドロ数とモルは，はじめ分子（molecule）を対象として提案された。その後原子にもイオンにも拡張してつかわれるようになった。また最初は気体に対して求められたのだが，液体や固体にも使われている。

> 化学では，$6.02×10^{23}$（Avogadro 数），$1×10^{-8}$ cm あるいは $1×10^{-12}$ m など**冪指数**（単に指数ともいう）を用いた表現がよく登場する。日常生活ではあまり見かけない指数に関する取り扱いに慣れておく必要があるので，基本的事項を以下に記しておく。
>
> $$1,000 = 10×10×10 = 10^3 \quad 10,000 = 10×10×10×10 = 10^4$$
> $$1,000,000 = 10×10×10×10×10×10 = 10^6 \qquad 1,200,000 = 1.2×10^6$$
> $$\frac{1}{100} = 10^{-2} \quad \frac{1}{10,000} = 10^{-4} \quad \frac{1}{1,000,000} = 10^{-6}$$
> $$\frac{1}{5,000,000} = \frac{1}{5}×\frac{1}{1,000,000} = 0.2×10^{-6} = 2×10^{-7}$$
>
> **計算例**
> 例 1　$10^2×10^4 = 10^{2+4} = 10^6$　($\underline{10×10}×\underline{10×10×10×10} = 10^6$)
> 例 2　$10^2×10^{-4} = 10^{2-4} = 10^{-2}$　($10×10×\frac{1}{10×10×10×10} = \frac{1}{10×10} = 10^{-2}$)
> 例 3　$6.02×10^{23}×2.0×10^{-6} = 6.02×2.0×10^{23-6} = 12.04×10^{23-6} = 1.204×10^{18}$

1・2　原子の構造

1・2・1　原子の大きさ

　物質には大きさがある。原子は小さい粒子であるが，どのくらい小さいのだろうか。

　原子を構成しているのは，原子核と電子である。原子の中心には正電荷をもつ原子核があって，負電荷をもった電子がまわりをまわっている。原子核は陽子と中性子からなり，正電荷をもっているのは陽子である。水素原子はその 99.985% が中性子をもたない質量数 1 の水素で，陽子 1 個と電子 1 個からなる簡単な原子構造なので，よく研究されている。水素の原子の形を球に仮定すると，陽子と電子の大きさと両者の位置関係は，おおまかには次のようになる。甲子園球場のまわりを 1 個の電子がまわっていると想像して欲しい。電子は水平にまわっているのではなく，立体的にまわっている。陽子の大きさは球場のま

んなかにおいた1個のボールにあたる。しかもこの陽子は水素原子の全質量の99.95％を占めている。

　原子番号1の一番小さい原子は水素で，水素の原子半径は0.3オングストロームである。一番大きいのは原子番号55のセシウムで，原子半径は2.66オングストロームである。このごろは，オングストロームよりもナノメートル（nm）を使うようにすすめられている。しかし，原子半径はほとんど1〜2オングストロームの範囲内にある。炭素は1.6オングストローム，酸素は1.5オングストロームである。10オングストロームが1ナノメートルであるから炭素は0.16ナノメートルになる。原子のレベルで大きさを考えるときには，オングストロームは大きさを直感的にキャッチできる大変便利な単位である。

原子半径のさまざまな決め方

　球を仮定した原子の半径には，ファンデルワールス半径，共有結合半径，イオン結合半径などがある。共有結合分子からは共有結合半径が，イオン結合分子ではイオン結合半径が求められる。上に示した水素とセシウムの原子半径は共有結合半径である。ファンデルワールス半径，共有結合半径，イオン結合半径の3つの原子半径は違う値になるし，イオン結合半径でも陽イオンと陰イオンでは，共有結合半径に対して異なる傾向を示す。陽イオンは電子が抜けてできる。電子の負電荷が失われた結果，原子は正電荷をもつ陽イオンに変わったのである。電子の数が減ったために，原子の大きさは縮小する。セシウムの陽イオンの半径は1.69Åで，共有結合半径の2.66Åより小さい。陰イオンは電子を受け取ってできるから，電子の増した分だけ大きくなる。原子番号53のヨウ素は，共有結合半径は1.34Åであるが，陰イオンの半径はそれより大きい2.12Åである。

1・2・2　陽子の数と質量

　一つの原子のなかの陽子の数は，電子の数と等しい。陽子と電子の電荷の絶対値は等しいので，原子は電気的に中性である。電荷の絶対値は電気素量という電荷の最小値で，1.9×10^{-19}クーロンである。

　陽子の質量と中性子の質量は表1-1に示したが，ほとんど同じである。それに比べると，電子の質量は非常に小さくそれらの1/1,840なので，原子の質量は，おおよそ陽子の質量と中性子の質量の和になる。

1・2・3　同　位　体

　元素の原子量は，炭素の原子量を12として，これに対する相対質量を求めて決めたのであるが，ほとんどの元素では整数になっていない。例えば，水素は1.008，炭素も12.011である。なぜこういうことになったのだろうか。実は，同じ元素でも，含まれる中性子の数が異なるために質量数の異なる原子が，ごく微量であるが混在していることが分かった。この混在している微量の原子のために，原子量は整数からずれてしまう。

原子核を構成しているのは陽子と中性子である。陽子の数はその元素の原子番号で、一つの元素の陽子の数は一定である。しかし、中性子の数は必ずしも一定とは限らない。すでに述べたように、陽子の数と中性子の数の和を質量数という。例えば、原子番号1の元素である水素の陽子の数は1で中性子はないと考えられていたので、質量数は1になる。ところが1931年になって、質量数1の水素だけだはなく、2のものが発見された。質量数1の水素の割合（存在率）は大きく99.985%であるが、微量とはいえ中性子数2のものがあることが分かったのである。質量数2の水素は**重水素**と名付けられ、その存在率は0.015%、その他にも質量数3の水素が存在し**三重水素**と名付けられた。三重水素は放射性で天然にはほとんど存在しない。

このように、同じ元素でも、中性子数の異なる、したがって質量数の異なる原子の変種が存在する。これら微量に混在している変種は、主成分の原子と同じ化学的性質を示すので周期表の同じ位置を占める。ギリシャ語の「おなじ位置」からとって**アイソトープ（同位体）**と名付けられた。自然界で得られる元素は、これら質量数の違う同位体をふくむ混合物なのである。原子記号の左下に原子番号、左上に質量数を記す。^1_1Hは普通の水素、^2_1Hは重水素、^3_1Hは三重水素の化学記号で、同位体を表すのに便利である。このような表記を**核種記号**という。

表1-2　天然に存在する同位体と存在比

元素名	化学記号	原子番号	質量数	存在比(%)
水素	^1H	1	1	99.985
	^2H	1	2	0.015
	^3H	1	3	微量
炭素	^{12}C	6	12	98.89
	^{13}C	6	13	1.11
窒素	^{14}N	7	14	99.63
	^{15}N	7	15	0.37
酸素	^{16}O	8	16	99.759
	^{17}O	8	17	0.037
	^{18}O	8	18	0.204

1・2・4　電子配置と軌道

原子の大きさを決めているのは、原子核の周囲をとりまいている電子である。これらの電子は雑然と分布しているのではない。各電子のもつエネルギーに対応した位置に、原子核を中心にして、層状に分布している。それらの層は、中心の原子核に近いエネルギーの低い側から、**K殻，L殻，M殻，N殻，O殻，P殻，Q殻**と名付けられている。K殻からQ殻までそれぞれの殻に含まれている電子の最大数は決まっている。K殻には2，L殻には8，M殻には18である。それ以上の殻については、表1-3に記したとおりである。

K殻，L殻，M殻などの**電子殻（主殻）**は、さらに**副殻**に分かれる。副殻は内殻の軌道

から順に s, p, d, f と名付けられているが, それらの最大収容電子数は 2, 6, 10, 14 である。主殻と副殻の関係と, 副殻軌道の電子収容能力を表 1-4 に示した。

表 1-3　各電子殻の理論的最大収容電子数

殻 アルファベット名	理論的に収容できる 最大電子数
K	2
L	8
M	18
N	32
O	50
P	72
Q	98

表 1-4　軌道の種類と収容最大電子数

殻	副殻軌道名	収容最大電子数	計
K	1s	2	2
L	2s 2p	2 6	8
M	3s 3p 3d	2 6 10	18
N	4s 4p 4d 4f	2 6 10 14	32

　原子番号 1 の水素から, 原子番号 18 のアルゴンまでの原子について, 電子分布の様子を図 1-1 に示した。原子番号は陽子の数である。電子の数は陽子の数と一致しているから, 原子番号が増すにつれて電子の数も増加する。図 1-1 で重要なのは, 原子の含む電子の総数が増えると原子核に近い殻から順に電子が満たされ, 最外殻にある電子の数に違いができることである。性質の似た元素は 1・3 で述べる元素の**周期表**で縦にならんでいる。図 1-1 と見比べると, 最外殻の電子数は 1A 族で 1, 2A 族で 2, 3A 族で 3, 4A 族で 4, 5A 族で 5, 6A 族で 6, 7A 族で 7, 0 族では 8 である。電子の総数が異なっても, 最外殻の電子数が同じ元素は似た性質を示す, つまり元素の性質を決めているのは最外殻の電子であると考えてよい。

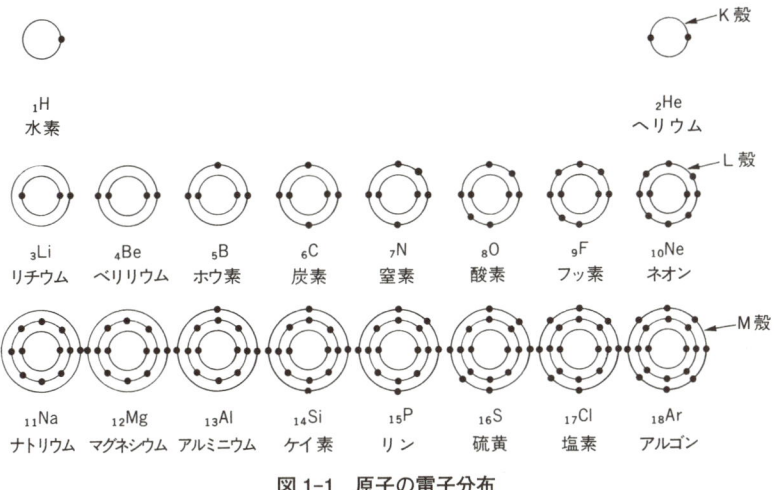

図 1-1　原子の電子分布

1・2・5　典型元素と遷移元素

元素は**典型元素**と**遷移元素**に分類される。

典型元素には，最外殻の s 軌道にある電子がその元素の化学的性質を決めているものと，s 軌道の電子とともに p 軌道の電子もその元素の化学的性質の決定に関与しているものがある。前者を **s 元素**と呼び，後者を **p 元素**と呼ぶことにする。s 元素と p 元素を含む典型元素の原子は，最外殻の電子の数が 8 の時最も安定である。この考え方を**八隅子説**という。0 族の元素は，最外殻の電子の数は 8 個である。そのままで安定なので原子の状態で天然に存在している（ヘリウムの場合には最外殻電子数が 2 個で安定である）。そのため 0 族元素の原子は**一原子分子**という特別の呼ばれかたをする。

遷移元素は d 軌道の電子がその元素の化学的性質に深く関わっている。d 軌道の電子が重要な役割を持っているので **d 元素**と呼ばれる。遷移元素は八隅子説にしたがわない。くわしいことは遷移元素の項で説明する。遷移元素のなかでも大きな原子番号をもつものは，f 軌道の電子を考慮しなければならない。f 元素である。しかし，遷移元素の基本的な性質は d 軌道の電子に注目することで説明できる。また生物に含まれている遷移元素は d 元素だけで，f 元素はない。

1・3　周期表

1・3・1　周期表に基づく元素の分類

古代人に知られていた元素は，金，銀，銅，鉄，スズ，鉛，水銀，炭素，硫黄の 9 種類であった。中世の錬金術師によってさらに，ヒ素，アンチモン，ビスマス，亜鉛の 4 元素が見いだされた。18 世紀には，窒素，水素，酸素などの気体や，コバルト，マンガンなど合わせて 14 元素が発見された。19 世紀になって新しい元素が次々に加わり，元素の数

は54になった。この頃,希ガスは一つも見いだされていないし,フッ素も発見されていない。

19世紀にはいると,増える一方の元素をどのように整理したらよいかが問題になった。元素を原子量の順序にしたがって並べると,7つごとに性質の似た元素が現れるので,この元素の性質の周期性が注目された。**メンデレーエフ**は,ヨウ素とテルルの原子量による順序を逆転させて性質にしたがって並べ替えた。また3つの空席をつくって当時はまだ未知の元素によって将来埋められると予言した(1869)。この大胆な指摘は,予言どおりガリウム,ゲルマニウム,スカンジウムが発見されるなど,現在の周期表を固める基礎となった。

希ガスが発見されたので,7A族の次に希ガスを0族として入れることによって,1A族から7A族までの電子配置と性質の周期的変化は,納得のゆくものになり,周期表は完成した。いまでは,周期表は原子番号の順序に並べられており,周期性と各元素の原子の電子配置について完全な説明が与えられている。

周期表は原子番号の順序に元素を並べてつくられているが,その並べ方は一つではない。最もひろく用いられているのは**長周期表**である。この長周期表は日本とヨーロッパで使われている。しかし,元素の基本的理解は典型元素について学ぶことによって得られる。長周期表と**短周期表**を見返しに示したが,元素の基本的理解は典型元素を学ぶことによって得られるので,はじめて化学を学ぶ時には,遷移元素(B族)を典型元素(A族)から分離した短周期表のほうが分かりやすいだろう。典型元素は1A族から0族までとし,遷移元素は1B族から8族までとした。典型元素はA族,遷移元素はB族である。

1・3・2 イオン化エネルギー

原子が電子をどのくらい強く結合し,その原子構造の中に拘束しているかは,**イオン化エネルギー**の大きさから知ることができる。大きなイオン化エネルギーをもつ原子ほど電子を強く結合している。

負電荷をもつ電子は正電荷をもつ原子核から遠く離れるほど,原子核からの引力は小さくなる。したがって,原子核から最も遠い最外殻の電子を失って陽イオンになる。中性の原子が電子を1個失うと+1の陽イオンになる。**1A族(アルカリ金属)**の元素では,最外殻の電子は1個だが,この1個の電子を失って陽イオンになり,安定な0族型の電子構造をとる。一方,**7A族(ハロゲン)**の元素では,最外殻の電子は7個なので電子1個受け取ると安定な0族型の電子構造になる。7A族では最外殻の電子を失うよりもむしろ電子を受け取って陰イオンになる。このように,最外殻の軌道上の電子の数の違いが電子を失うか,受け取るかの原因になる。

原子から電子1個取り去るのに必要なエネルギーを**第一イオン化エネルギー**という。アルカリ金属の元素では第一イオン化エネルギーは小さい。小さいエネルギーで電子を放出するのである。逆に,ハロゲン族の第一イオン化エネルギーは大きい。電子を放出するの

に大きなエネルギーが必要なので，ハロゲン族の元素は電子を放出しにくい。周期表の同一周期では，左から右へゆくほどイオン化エネルギーは大きくなる。左から右へゆくほど原子半径は小さくなる。これは，電子に対する原子核の引力が大きくなるためで，その影響でイオン化エネルギーも大きくなる。図1-2にみられるように，原子番号と第一イオン化エネルギーとの間には，きれいな周期性が認められる。

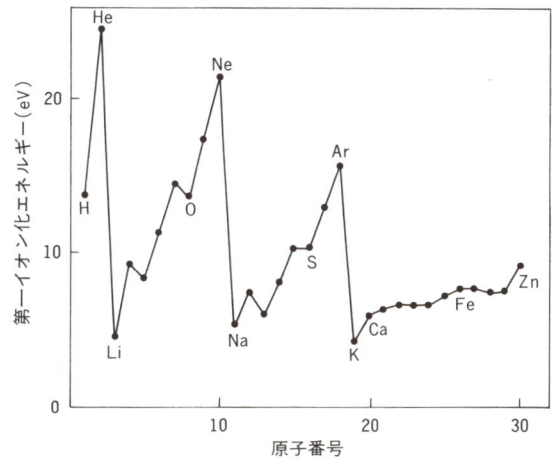

図1-2　原子番号順にみた第一イオン化エネルギー

1・3・3　電子親和力

　ある原子が電子をどのくらい強く引きよせるか，すなわちどのくらい電子と結合しやすいかを示すのが**電子親和力**である。電子との親和性の高い原子は電子を取り込むと大きなエネルギーを放出し安定になる。電子親和力の大きい原子ほど電子と結合しやすい。電子を取り込むと原子は陰イオンになるので，電子親和力の大きい元素は陰イオンになりやすいことになる。

1・4　化学結合

1・4・1　結合に関わる最外殻電子

　物質は原子の間に働く力によって結合している。この結合によって，原子の状態より安定な分子やイオン結晶などの構造をとる。この結合を**化学結合**という。

　化学結合に関与しているのは電子である。原子核の正電荷に強く引きつけられていて，原子核の近くから離れない電子を**内殻の電子**という。原子の外側にあって，原子核の引きつけの弱い電子を**外殻の電子**という。この外殻電子のうち最外殻にある電子が，他の原子の最外殻電子と協力して，原子どうしを結合するための電子の組み替えをする。一方の原子が電子を放出するか，獲得するか，または原子どうしが電子を共有することによって，

化学結合は完成する。

1・4・2　イオン結合

　中性のナトリウム原子が電子を1個失うと，ナトリウムは+1価となり陽イオンに変わる。ナトリウム原子は最外殻の3s軌道に電子1個もっている。この電子を放出した結果ナトリウム陽イオンは，2s軌道に2個の電子と2p軌道に6個の電子あわせて8個の電子が最外殻を満たしている。ネオン型の希ガス電子配置（$2s^2 2p^6$）※になったのである。ナトリウム原子は陽イオンになって安定な構造を獲得した。

　中性の塩素原子に電子を1個与えると，−1価の陰イオンに変わる。塩素原子の最外殻の電子は7個で，$3s^2 3p^5$ であったが，電子1個を獲得した結果，塩素陰イオンは最外殻に電子8個をもつ $3s^2 3p^6$ のアルゴン型の希ガス電子配置になり，塩素陰イオンは安定な構造を獲得した。

　ナトリウムから塩素へ電子が1個移ると，安定なナトリウムの陽イオンと塩素陰イオンが生まれる。ナトリウム陽イオンと塩素陰イオンは電気的引力により互いにに引きつけ合うので，集まって塩化ナトリウムができる。このような，正と負の電荷をもった安定なイオンが，互いに引きつけ合って生ずる化学結合を**イオン結合**という。

1・4・3　共有結合

　塩素原子の最外殻の電子数は7個で，その配置は $3s^2 3p^5$ である。2つの塩素原子が，相手原子の電子を1個共有すると下にしめす反応式のように，両方の塩素の最外殻電子の数はいずれも8個になる。電子を1個ずつ共有することによって，安定な塩素分子が生まれた。このような結合を**共有結合**という。

$$:\!\ddot{\text{Cl}}\!\cdot \;+\; \cdot\!\ddot{\text{Cl}}\!: \;=\; :\!\ddot{\text{Cl}}\!:\!\ddot{\text{Cl}}\!:$$

　この結合は電子一対共有している**単結合**である。このほかに二対の電子を共有した**二重結合**，三対の電子を共有した**三重結合**がある（二重結合，三重結合については第4章で詳しく述べる）。

1・4・4　配位結合

　共有結合では結合する2原子がそれぞれ電子を供給し，一対の電子を共有して単結合をつくる。これに対し，結合する二つの原子のうち，一方だけが一対の電子を提供し，もう一方の原子はその一対の電子を受け取って，結果的には共有結合を形成する例がある。こ

※　2s軌道に電子が2個あるとき，この状態を $2s^2$ と表記する。したがって，$2p^6$ は2p軌道に電子が6個あることを示す。

のような結合を**配位結合**とよぶが，結合してしまえば共有結合と区別できない。4章のアンモニウムイオンの電子構造（図4-8）で実例を示してある。また6章では配位結合が主要なテーマとして述べられる。

1・4・5 分子の極性

二つの原子が一対の電子を共有して結合しているとき，結合している二つの原子が同じならば同じ力で電子を引きあう。しかし異なる原子が結合しているときには，電子がどちらかに引きつけられている場合がある。電子を強く引きつけている原子は，いくらか負に帯電する。そのため分子内に**極性**が生ずる。

分子のなかで，一つの原子が他の原子よりも電子を強く引きつける性質を，数値で示したのが**電気陰性度**である。あらゆる元素のなかでフッ素は最も強く電子を引きつける。**ポーリング**はフッ素の電気陰性度を 4.0 と決めて，この値を基準にして各元素の電気陰性度を求めた。その値を表 1-5 に示した。

表 1-5 電気陰性度

1	H 2.1									
2	Li 1.0	Be 1.5					B 2.0	C 2.5	N 3.0	O 3.5	F 4.0
3	Na 0.9	Mg 1.2					Al 1.5	Si 1.8	P 2.1	S 2.5	Cl 3.0
4	K 0.8	Ca 1.0	Sc 1.3	Ti 1.6	Cu 1.9	Zn 1.6	Ga 1.4	Ge 1.7	As 2.0	Se 2.4	Br 2.8
5	Rb 0.8	Sr 1.0	Y 1.2	Zr 1.6	Ag 1.9	Cd 1.7	In 1.4	Sn 1.7	Sb 1.8	Te 2.1	I 2.5
6	Cs 0.7	Ba 0.9									

結合している二つの原子の電気陰性度の差が，2より大きいとその結合はイオン結合とみなし，2より小さいと共有結合とみなす。

水は酸素と水素が結合したものだが，酸素の電気陰性度は 3.5 で水素の電気陰性度は 2.1 だから，その差は 2 より小さい。したがって，水分子を構成している酸素と水素は共有結合で結合している。ところが電気陰性度は酸素のほうが大きいので，電子にたいする親和力は酸素の方が大きく，電子は酸素の方に引き付けられている。その結果，酸素の電荷はいくらか負にかたよっており，水素の電荷は正にかたよっている。したがって，水分子には電荷の偏りがある。水分子の大きな特徴は，水分子が**極性分子**だということである。生物は海のなかで生まれたということになっているが，あらゆる生物の身体の中の溶媒は水である。生物の特徴は，溶媒として極性分子の水が使われていることである。極性をもつ溶媒の水には，イオンや極性分子は溶けやすいが，非極性分子は溶けない。水分子の極

性については4章でさらに詳しく述べる。

◆ 練習問題 ◆

1. 6×10^{23} という数を実感するためにつぎの計算をしてみよ。
   (a) ペットボトルに水が $1l$ 詰めてある。このペットボトル 6×10^{23} 個の質量と地球の質量を比べてみよう(水の密度は 1.0 g/cm^3，地球の質量は 5.97×10^{27} g とし，ペットボトル自体の重さは無視して計算してみよ)。
   (b) 直径 2 mm の小さな金属円盤で地球と同じ半径(6.38×10^8 cm)をもつ凹凸のない球体の表面を覆いつくすには何枚の円盤が必要か。
2. ダイヤモンドは炭素の同素体である。1 カラットのダイヤモンド中に含まれる炭素原子数を求めよ(メートル法で 1 カラットは 0.200 g である)。
3. 水 1 モルの質量を求めよ。
4. 食塩 1 モルの質量を求めよ。
5. 水 180 ml 中に含まれる水分子のモル数を求めよ(水の密度は 1.0 g/cm^3 とせよ)。
6. 表 1-2 で示した重水素(^2_1H)の化学的性質は水素(^1_1H)とほとんど同じである。^2_1H と O が結合して $^2_1H_2O$ と表される重水と呼ばれる物質が現実に存在する(重水素原子は英語で deuterium なので習慣的に D の記号が使われ，この記号を用いると重水は D_2O と表せる)。重水 1 モルの質量を求めよ。
7. 0℃，1 気圧に保たれている 1 l の空気中に存在する気体分子数，および酸素分子数を求めよ(空気中で酸素分子の占める割合は体積比で 21％とせよ，4 章 表 4-4 も参照)。
8. 表 1-2 によると天然の炭素原子には $^{12}_6C$ と $^{13}_6C$ の同位体が存在する。私たちの身近にある天然に存在する炭素元素の原子量を求めよ。
9. 1・4・3 に塩素分子の共有結合の機構が最外殻電子配置に基づいて説明されている。同じ考え方で(a)水素分子，(b)水分子の共有結合を述べよ。
10. 塩素の最外殻電子配置は $3s^23p^5$(1・4・2 参照)と表す。この表現法で炭素，窒素，ナトリウム，リンの電子配置を記せ。

2章 希ガス(0族)元素と水素

2・1 希ガス(0族)元素

2・1・1 希ガスの化学的性質と電子構造(閉殻構造と八隅子説)

希ガスは不活性ガスとも呼ばれるが,希ガスの存在量は少なく,化学反応性も低いため発見は遅れた。空気中に非常に微量存在する珍しい気体ということで希ガス(または貴ガス)と名付けられた。1894年にアルゴンが発見されたのに続いて,ヘリウム・ネオンなどの希ガスが発見された。希ガス元素は,それまでに見いだされていた1A族から7A族のどのグループの元素とも異なる性質をもっていたので,**0族**としてまとめられている(希ガス類を8A族とする意見もある)。

原子番号2の**ヘリウム**は電子を2個しかもたない。その電子構造は $1s^2$ である。1s軌道は電子が2個はいると飽和してしまうので,ヘリウムの1s軌道は電子2個で完結しており,このような構造を閉殻構造という。原子番号10のネオンは10個の電子をもつが,その電子構造は $1s^2 2s^2 2p^6$ である。1sと2s軌道は2個の電子で飽和し,2p軌道は6個の電子で飽和する。ネオンのすべての軌道は電子で飽和して閉殻構造になっている。希ガスが不活性なのは,このようにその電子配置が閉殻構造だからである。**希ガス型**といわれる電子配置である。

元素の化学的性質は最外殻の軌道の電子の配置によって決まる。最外殻の電子だけとりあげると,希元素は,ヘリウムは $1s^2$,ネオンは $2s^2 2p^6$,アルゴンは $3s^2 3p^6$,クリプトンは $4s^2 4p^6$,キセノンは $5s^2 5p^6$,ラドンは $6s^2 6p^6$ というように,最外殻のs軌道とp軌道は電子で飽和されており,閉殻構造になっている。ヘリウムは電子2個で閉殻構造を完成し,ほかの希ガス元素は電子8個で閉殻構造を完成していることがわかる。このような閉殻構造をもつ元素は安定でこの状態を保とうとする。すなわち,電子を他の原子に渡したり,電子を他の元素からもらったりする傾向はきわめて弱い。電子を放出するのに必要なエネルギー,すなわちイオン化エネルギーは大きく,電子のもらいやすさを示す電子親和力は小さい。すなわち,希ガスの原子は化学的に安定なのである。したがって,常温では単原子の気体として空気中に存在する。他の元素と反応して化合物をつくるのは容易ではない

が，クリプトンやキセノンのフッ化物や酸化物が見いだされている。希ガスの性質をまとめて表2-1に示した。

表2-1　水素と希ガス(0族)元素の性質

	H(水素)	He(ヘリウム)	Ne(ネオン)	Ar(アルゴン)	Kr(クリプトン)	Xe(キセノン)	Rn(ラドン)
原子番号	1	2	10	18	36	54	86
原子量	1.01	4.00	20.18	39.95	83.80	131.3	222
天然存在核種の数	3	2	3	3	6	9	1
最外殻	K	K	L	M	N	O	P
最外殻電子	$1s^1$	$1s^2$	$2s^22p^6$	$3s^23p^6$	$4s^24p^6$	$5s^25p^6$	$6s^26p^6$
第一イオン化エネルギー (eV)	13.6	24.6	21.6	15.8	14.0	12.1	
電子親和力 (eV)	0.75	<0	<0	<0	<0	<0	
電気陰性度	2.1	―注1)	―	―	―	―	
原子半径 (Å)	1.2	1.4	1.54	1.88	2.02	2.16	
存在量 (地殻 μg/g)	1.4×10^3	―注2)	―	―	―	―	
(海水 μg/l)	0.11×10^9	6.9×10^{-3}	0.14	0.5×10^3	0.23	0.05	0.6×10^{-12}
存在状態	水素化物(海水など)	空気中(5.24ppm)	空気中(18.2ppm)	空気中(0.934%)	空気中(1.14ppm)	空気中(0.087ppm)	空気中(微量)
単体	気体	気体	気体	気体	気体	気体	気体
外観	無色無臭	無色無臭	無色無臭	無色無臭	無色無臭	無色無臭	無色無臭
mp (℃)	−259.1	−272.2 (26atm)	−248.7	−189.2	−156.6	−111.9	−71
bp (℃)	−252.9	−268.9	−246.0	−185.9	−152.3	−107.1	−61.8
単体溶解性(水)	難	難	難	難	難	難	難
イオン(水溶液)(条件，特色)	(H^+)注3)	―	―	―	―	―	―
イオン半径(Å)							
備考	宇宙に最も多量に存在	宇宙に水素についで多量に存在	ガラス管に封入しネオンサイン	化学測定用不活性ガス	化合物 KrF_2 などを形成	化合物 XeF_2, XeO_3 などを形成	放射性，放射線治療用線源

注1）ポーリングによる電気陰性度の定義では，等核2原子分子あるいは簡単な化合物を形成しない希ガス元素のような原子については計算ができないので値を示していない。
注2）希ガス類は化合物を形成しにくいので地殻存在量は無視できる。
注3）水の解離や酸の解離により生じるイオン

　化学反応が進むと，あらゆる元素はより安定な構造をとる方向へ変化する。反応によって到達する化学的に安定な構造のモデルとして，希ガス元素の電子構造を考えるようになった。すなわち，反応は最外殻に8個の電子を収容し，最外殻の軌道が閉殻構造をとる方向へ変化するという説である。この考え方を八隅子説という。ただし水素だけは最外殻の

電子の数が2になるヘリウム型の閉殻構造をとる。

八隅子説(Octet rule)は多年にわたる研究結果から見いだされたものであるが，多くの原子は，最外殻の軌道の電子を8個にして，安定な電子配置を得ようとする。典型元素の場合には原子や分子の化学構造がこの法則にしたがっていると考えるとうまく説明できることが多い。ところが遷移元素(d元素)の場合には6章で詳しく述べるように八隅子説では説明できない例も多い。

2・2 水　　素

2・2・1　水素原子の構造，水素化合物の例

宇宙の中に最も多く存在する元素は水素である。太陽に存在する元素の75%は水素である。地球の大気中の量はあまり多くないが，地表や地殻中では化合物として存在し，原子数では酸素・ケイ素についで3番目に多い。

水素原子のなかで最も多いのは，陽子1個の原子核と1s軌道にある1個の電子からなる$_1^1H$である。しかし，天然に存在する水素には中性子を1個(重水素，$_1^2H$)または2個(三重水素，$_1^3H$)含むものが見いだされているが，非常に微量で重水素と三重水素を合わせても0.02%以下であることは1・2・3で述べた。

各グループ元素の性質一覧表の見方

典型元素について述べた2，3および4章では各グループ(族)に属する元素の性質を表で示した。表中の，元素の性質を示す項目についてここでまとめて説明しておく。

第一イオン化エネルギーおよび電子親和力の単位は1原子当たりのeV(電子ボルトまたはエレクトロンボルトと読む)で示した。1Vの電場におかれた1個の電子が獲得するエネルギーが1eVである。1個の電子に注目し，必要なエネルギーを扱いやすい数値で表せるので，慣用的に用いられる単位である。1eV=1.60×10^{-19} Jなので，この値を用いてJ単位に換算し，6.02×10^{23}倍すれば1モル当たりのジュールでの値(J/mol)となる。1 cal=4.18 JなのでJ単位の値を4.18で除すればモル当たりのカロリー単位での値(cal/mol)となる。表中の値より，水素原子の第一イオン化エネルギーは13.6 eVだから$13.6 \times 1.60 \times 10^{-19} = 21.76 \times 10^{-19}$ J，$21.76 \times 10^{-19} \times 6.02 \times 10^{23} = 130.99 \times 10^4$ J/mol つまり1309.9 kJ/molで，カロリー単位では1309.9/4.18 = 313.4 kcal/molとなる。

電気陰性度は広く用いられているポーリング(L. Pauling)の値を示した。この値は表1-5にもまとめて示されている。

原子半径は，結晶中で各分子の原子はあたかも一定半径の球であるかのように配列しているので，この球の半径(ファンデルワールス半径という)で示した。(　)をつけた値は結晶中の原子間距離を実測した結果から求めたものである。

> 存在量は地殻については μg/g で示したが，μ（ミクロまたはマイクロと読む）は 10^{-6} を意味する。ベリリウムは地殻 1 g 中に 2.8 μg，カルシウムは地殻 1 g 中に 36.3×10^3 μg＝36.3 mg＝0.0363 g 存在することになる。存在が微量である場合 ppm という単位も使われる。ppm はパーツパーミリオン（parts per million）と読み，百万分率を表す。1 ppm は重量比の場合には 1 μg/g に当たり，体積比では 10^{-6} l/l に当たる。海水については 1 l 当たりに含まれる重量を μg で示した。
>
> mp, bp はそれぞれ融点（melting point），沸点（boiling point）を表す。
>
> 存在状態で混在とあるのは比較的存在量が少ない元素で，他の物質に混じって見いだされることを意味する。
>
> イオンとある項は水溶液中で単体として存在する分子種，単体が水和イオンを形成する分子種のみを記した。ーはイオンとして存在しないかあるいはしにくいことを示す。
>
> イオン半径は条件により異なる場合があるが，代表的な値を示した。空白のところは現在不明であることを示す。
>
> それぞれの値や記述は主に『化学便覧』（日本化学会編，改訂 5 版）と『化学辞典』（大木道則ら編，東京化学同人）によった。

水素の化学は，水素が三つの状態をとることを示している。その一つは共有単結合によって，もう一つの水素原子またはほかの原子と結合した状態である。二つめと三つめはイオンになる例で，電子を放出して H^+（**陽子，水素イオンまたはプロトンとよばれる**）として存在する場合と，電子を吸収して H^- になる場合である。

水素原子は電子を保有したまま，その電子を他の原子と共有して結合することが多い[※]。それが一つめの例である。二つの水素電子が共有結合によって二原子分子である水素分子をつくる場合がそれにあたる。そこでは二つの水素原子が，両方の 1s 軌道の電子を共有して，ヘリウム型の閉殻構造をとっている。水素原子と共有結合で結合している化合物には，水素分子のほかに，メタン（CH_4），アンモニア（NH_3），水（H_2O），フッ化水素（HF）などがある。

水素分子（H_2）は常温では気体である。H_2 を構成している水素原子（H）間の結合は強く，この結合を切って他の原子との結合にきりかえるのは容易でない。例えば，乾燥した状態で酸素と混合した場合，温度を 1,000℃ まで上げても反応は起きない。乾燥した状態というのは，P_2O_5（五酸化リン）のような乾燥剤を加えて水蒸気を除いた状態のことである。気体の水素はこのように水蒸気のない状態では安定な分子である。

[※] 水素原子から 1s 軌道にある 1 個の電子を取り除き，はだかの陽子にするには，水素原子 1 モルあたり 1,310 kJ のエネルギーが必要である。この大きなエネルギーは化学反応では容易に得られない。そのため他の原子と電子を共有しようとする。

> **水素ガスには要注意**
>
> 水素は爆発しやすく，化学実験の事故の15%を占める危険な物質ということになっている。その1つの理由は，空気中の水蒸気の存在である。ほんの少しでも水蒸気があると，500℃でも爆発的に酸素との反応が起きる。この場合は，水蒸気がこの反応の触媒として働いている。水蒸気は水素と酸素の反応の生成物だから，生成物が触媒となる例である。反応はきわめて速いため，爆発的に進み，同時に大きな発熱を伴う。

1モルの水素分子(H_2)のHとHの原子間の結合は強く，この共有結合を切断して水素原子にするには，水素分子1モルあたり435 kJのエネルギーを外から加える必要がある。

$$H_2 = 2H - 435 \text{ kJ} \tag{2-1}$$

(出入りする熱量を記す熱化学反応式については4・3・2(c)参照)

この反応は外から加えたエネルギー(435 kJ)を吸収して起こるのだから**吸熱反応**で，この式は2モルの水素原子は435 kJのエネルギーを吸収したことを示している。HとHが435 kJの強さで結合していることを表しているとも言える。1モルの気体分子のもつ2原子間の共有結合を，切断するのに必要なエネルギーがその結合エネルギーである。1モルの水素原子は217.5 kJのエネルギーを吸収したことになる。原子状の水素はこのように高いエネルギーを保有しているから，不安定で反応しやすい。原子状の水素を活性水素と呼ぶこともある。

2・2・2 水素イオン(H^+)

水素イオン(H^+)は水素原子が保有している1個の電子を失ったものである。水素原子から電子1個を除いて残るのは水素の陽子1個である。すでに述べたように，水素原子の大きさを野球場に例えれば，水素イオンすなわち水素の陽子の大きさは野球場の中心に置いた野球ボールの大きさになる。

水溶液中の水素イオンの濃度はpH[※]で示される。pHはその水溶液が酸性かアルカリ性かの程度を示すのに使われる。水分子にくらべてその大きさが1万分の1以下と非常に小さい水素の陽子(水素イオン)が，正と負の双極性をもつ水分子とは独立に，単独で自由に行動しているとは考えにくい。水の中では，陽イオンである水素イオンは水分子と結合している。このことを水素イオンは水和しているという。水和した化合物をH_3O^+と書いて，**オキソニウムイオン**とか**ヒドロニウムイオン**と呼ぶ。

$$H_2O + H^+ \longrightarrow H_3O^+ \tag{2-2}$$

金属リチウム(Li)を水素気流中で加熱すると水素化リチウム(LiH)を生成する。この化合物は，陽イオンのリチウムと陰イオンの水素が結合したものである。水素はH^-になっている。H^-の電子構造はヘリウム型の$1s^2$で希ガスの安定な電子配置をとっているはず

[※] 水素イオン濃度を$[H^+]$とすると，pHは$pH = -\log[H^+]$で定義される。pHについては5章で詳しく述べる。

であるが,ヘリウムよりはるかに不安定である。

以上二つの例でみられるように,水素は,アルカリ金属と同じように1価の陽イオン（H^+）となるが,一方ではハロゲンと同じように1価の陰イオン（H^-）にもなる。1A族に分類できるが,7A族としてもおかしくない。水素の変わった性質を考慮すると,むしろ,水素はどちらにも属さない元素としたほうがよいという意見もある。

太陽や恒星のなかでは水素原子がヘリウムにかわる**核融合反応**が起きていて,多量の熱エネルギーを発生している。地球が太陽から受けているエネルギーは,太陽の核融合反応によって生成したエネルギーである。水素の核融合反応は原料が豊富で,廃棄物は少なく,未来のエネルギー源として注目されている。

水素はあらゆる元素のなかで最も簡単な原子であるが,まだまだ研究することも多い興味深い物質である。

2・2・3 生物にとって重要な水素化合物 "水"

生物は水を溶媒としているので,生体の成分は水に溶けているか,水に懸濁している。水は生物にとって最も重要な液体である。生物の重量の60〜90％は水である。われわれ人類も,2〜3日水が補給されなければ生きのびることは難しい。

水の物理的性質 1気圧での水の凝固点（氷点）は0℃,沸点は100℃である。この二つの温度は摂氏目盛の基準に用いられている。

4℃で正確に1 cm^3 の水をとって,その質量をはかると1gである。すなわち,4℃の水の密度は1（g/cm^3）である。

この水の温度を4℃から0℃に向かって下げるか,または4℃以上に上げると,体積は増える。一定体積当たりの重さは軽くなる。すなわち,水は4℃のとき一定体積当たりの重さは最も大きい。言い換えれば密度は4℃のとき最も大きいのである。水のもつこの変わった性質によって,氷の密度は水の密度より小さくなり,氷は水の表面に浮いてしまう。水中の生物が,冬の間生きのびることのできるのは,水のこの性質のおかげで,氷は水の表面に浮き底の水は凍らないからである。水の分子構造や性質については4,5章でもふれる。

水の化学的性質 水は化学的には最も安定な化合物の一つである。2,000℃に熱してもほとんど分解しない。しかし,電流を流すと水素と酸素に分解する。また,非金属の酸化物と反応して酸をつくり,金属の酸化物と反応してアルカリをつくる。

次に非金属の例を示す。硫黄（S）は非金属で三酸化硫黄（SO_3）は非金属の酸化物だから,水と反応して硫酸という酸になる。

$$SO_3 + H_2O \longrightarrow H_2SO_4 \tag{2-3}$$

次に金属の例を示す。ナトリウム（Na）は金属で酸化ナトリウム（Na_2O）は金属の酸化物だから,水と反応して**苛性ソーダ（水酸化ナトリウム）**というアルカリになる。

$$Na_2O + H_2O \longrightarrow 2NaOH \tag{2-4}$$

◆ **練習問題** ◆

1. 水素分子1モルと酸素分子から1モルの水が生成する化学反応式を記せ。
2. 表2-1より，天井までの高さが2mである8畳間の部屋に存在するアルゴンの(a)体積（l単位），(b)モル数，を求めよ。ただし畳1畳の面積は1.65 m^{2}とし，標準状態（1気圧，0℃）にあるとして計算せよ。
3. 表2-1より，問題2と同様に部屋に存在するヘリウムの(a)体積，(b)モル数を求めよ。
4. ヘリウム原子の第一イオン化エネルギーをcal/molで求めよ。
5. ヒトの場合には体重の60％を水が占める。体重60.0 kgのヒトの体に存在する水に含まれる水素原子，酸素原子のモル数を求めよ（水素，酸素の原子量はそれぞれ1.0, 16.0とせよ）。
6. 水素，酸素原子はヒトの体に重量％でH = 10％，O = 65％存在する。問題5を踏まえて，体重60 kgの人体に水以外として存在する水素原子と酸素原子のモル比を求めよ。

3章　典型元素I（s元素）

3・1　s元素とは

　典型元素のなかでも，**アルカリ金属**と**アルカリ土類金属**の元素は最外殻の電子がs軌道にある。p軌道は空になっている。最外殻の球状に広がるs軌道にある電子の数はアルカリ金属では1，アルカリ土類金属では2である。電子を6個または7個受け取るより，1個または2個放出することによって，最外殻を閉殻構造にし，八隅子説にしたがって安定な状態を獲得する傾向がある。s軌道の電子だけがこれらの元素の化学的性質に関与しているので，このグループの元素を**s元素**と呼ぶ。ベリリウム（Be）およびマグネシウム（Mg）はアルカリ土類金属に属さないとの分類もあるが，この教科書ではBe，Mgも含めてアルカリ土類金属とした。

3・2　1A族（アルカリ金属元素）

3・2・1　一般的性質

　アルカリ金属元素としてまとめられている1A族の元素の原子半径は，同じ周期のほかの元素に比べると大きい。原子核の正電荷と電子の負電荷の間の引力がほかの元素にくらべると小さいからである。原子から電子1個を取り除いて，陽イオンとするのに必要なエネルギーを，第一イオン化エネルギーと呼ぶことはすでに述べた。アルカリ金属の最外殻はs軌道で，s軌道の電子は1個である。この電子が原子核に引きつけられる引力は小さいので第一イオン化エネルギーは小さく，最外殻のs軌道にある電子は容易に放出される。リチウム原子から電子を取り除くのに必要なエネルギーは，水素原子から電子を除くときのエネルギーのおおよそ半分である（表2-1，表3-1参照）。そのため，1価の陽イオンになりやすい。静電相互作用によりほかの元素と化学結合をするとき，アルカリ金属の陽イオンは陰イオンとイオン結合によって化合物をつくる。アルカリ金属の元素の性質をまとめて表3-1に示した。

　アルカリ金属は水と激しく反応して水素を発生し，アルカリ性の溶液を与える。金属ナ

表 3-1　1A 族元素（アルカリ金属元素）の性質

	Li（リチウム）	Na（ナトリウム）	K（カリウム）	Rb（ルビジウム）	Cs（セシウム）	Fr（フランシウム）
原子番号	3	11	19	37	55	87
原子量	6.94	23.0	39.1	85.5	133	223
天然存在核種の数	2	1	3	2	1	1
最外殻	L	M	N	O	P	Q
最外殻電子	$2s^1$	$3s^1$	$4s^1$	$5s^1$	$6s^1$	$7s^1$
第一イオン化エネルギー（eV）	5.39	5.14	4.34	4.18	3.89	
電子親和力（eV）	0.62	0.55	0.50	0.49	0.47	
電気陰性度	1.0	0.9	0.8	0.8	0.7	
原子半径（Å）	1.82	2.27	2.75	(2.47)	(2.66)	
存在量（地殻 $\mu g/g$）	20	28.3×10^3	25.9×10^3	90	3	
（海水 $\mu g/l$）	0.18×10^{-3}	11×10^6	0.41×10^6	120	0.3	8×10^{-21}
存在状態	酸化物（リチア輝石）	塩化物（岩塩）	塩化物（カリ岩塩）	混在	混在	
単体	金属固体	金属固体	金属固体	金属固体	金属固体	
外観	銀白色	銀白色	銀白色	銀白色	銀白色	
mp（℃）	180.5	97.8	63.7	39.3	28.4	
bp（℃）	1,347	883	765	688	678	
単体溶解性（水）	溶	激しく反応（発火）	激しく反応（発火）	激しく反応	激しく反応	
イオン（水溶液）（条件，特色）	Li^+	Na^+	K^+	Rb^+	Cs^+	
イオン半径（Å）	0.73	1.13	1.52	1.66	1.81	
備考	原子炉材料 合金材料	生体主要イオン 原子炉冷却剤	生体主要イオン 肥料原料		第一イオン化エネルギーが最も低い	存在は超微量なので物性は不明

トリウムを保存するには，水との接触をさけるために，石油エーテルにいれておく。

アルカリ金属はいずれも 1 価の陽イオンになりやすく，化学的に似た性質を示すが，このなかで，生物に不可欠な元素は**ナトリウム**と**カリウム**である。生物はこのよく似た性質をもつナトリウムとカリウムを明確に区別している。

海水のナトリウムイオン濃度は 480 mM で，これはカリウムイオン濃度の約 45 倍にあたる。海に住む魚等の体液のナトリウムイオン濃度は 230〜400 mM である。ところが，海水中には少ないカリウムイオンが，これらの生物の細胞内では海水の約 30 倍に濃縮されている。少ないカリウムイオンを積極的に取り込んでいる。このことは，魚にとってカリウムがなくてはならない元素であることを示している。

4 億年あまり前，生物の一部は海を出て上陸し，陸生の動物・植物として進化した。地

殻中の全元素量を比較するとナトリウムは7番目，カリウムは8番目と両者とも豊富に存在する（表3-1参照）。土壌に依存して生活する植物は，カリウムのみに依存するようになり，多量のナトリウムは大半の植物にはむしろ有害である。

一方ヒトを含む陸生の動物の体液（細胞外液）のナトリウムイオン濃度は約140 mMで，カリウムイオン濃度は約4 mMと海水のナトリウム：カリウムの比とよく似ている。動物は海水中での生活の履歴をいまもひきずっているようにみえる。ところが，体液に包まれている細胞の中のカリウムイオンは約140 mM，ナトリウムイオンは10 mM程度しか含まれていない。生命の営みの基本的単位である細胞に多量に含まれているのはやはりカリウムイオンである（7章 表7-1参照）。このように生物はカリウムとナトリウムとをはっきり区別している。

3・2・2 主な化合物

ナトリウムやカリウムを含む主な化合物を示す。

塩化ナトリウム（食塩，NaCl）　　最も代表的なイオン結合の例である。海水中に約3％の濃度で，また岩塩として固体で地表に存在する。岩塩は海水が地上で蒸発乾固して残ったものである。

塩化ナトリウムは温度を上げても水への溶解度はほとんど変わらないという特徴がある。0℃で100 gの水に35.6 g溶けるのだが，温度を100℃にしても溶ける量は39.3 gになるにすぎない。7％増えるだけである。

ヒトは1日に約5 gのNaClを尿成分として排泄する。前述したようにNa^+イオンやCl^-イオンはヒト体液の必須成分であるから，この排泄量に見合うだけの食塩を私たちは摂取しなければならない。食塩は食物の味をよくするので，人間生活では調味料として利用されている。じゃがいものナトリウム含量は100 g中2 mgであるが，加工食品であるポテトチップスでは200倍に増えている。したがって日常生活ではむしろ食塩の過剰摂取に注意しなければならない。また食塩の中ではかびや細菌が育ちにくいので，防腐剤となり食物の貯蔵に使われる。

水酸化ナトリウム（苛性ソーダ，NaOH）　　白色の固体で水によく溶け，この時強く発熱する。固体の状態で空気中に放置すると水蒸気を吸収して徐々に溶けてゆく。この現象を**潮解**という。二酸化炭素も吸収しやすいので，固体の**苛性ソーダ**の表面は炭酸ナトリウムに変わっていることが多い。水に苛性ソーダを溶かした溶液は，強アルカリ性溶液として広く使われている。

炭酸水素ナトリウム（重曹，$NaHCO_3$）　　水に溶け弱いアルカリ性を示すので酸のおだやかな中和に利用されるし，キッチン周りの洗浄剤としても市販されている。ナトリウムを含む化合物としてそのほかにも写真の定着剤として用いられる**チオ硫酸ナトリウム**（$Na_2S_2O_3$），肥料や合成薬品の原料として重要な**硝酸ナトリウム**（チリ硝石，$NaNO_3$）などがあげられる。

塩化カリウム（KCl） 塩化ナトリウムと似た性質をもつが，水に対する溶解度は異なり，温度を上げると溶解度も増す。0℃から100℃に温度を上げると溶解度は64%増える。

そのほかに大切な化合物として**ヨウ化カリウム**（KI），**塩素酸カリウム**（$KClO_3$），**シアン化カリウム**（**青酸カリ**，KCN）などがあげられる。**水酸化カリウム**（苛性カリ，KOH）は白色の固体で，その性質は水酸化ナトリウムとよく似ている。

3・3 2A族元素（アルカリ土類金属元素）

3・3・1 一般的性質

土類というのは，水にも溶けず，燃えないものという意味をもつ。地殻では火成岩または堆積岩のなかに見いだされる。このグループの元素は，アルカリ金属と比べると電子はより強く原子核に引きつけられているので原子半径は小さく，第一イオン化エネルギーはアルカリ金属より大きい（表3-1, 表3-2参照）。

化学的性質を決めているのは，最外殻のs軌道にある二つの電子である。他の元素と化学結合をするときには，電子2個をs軌道から放出して，2価の陽イオンとなり，イオン結合性の化合物をつくる。

アルカリ土類金属のなかで，生物に含まれその役割が分かっているのはマグネシウムとカルシウムである（7章参照）。

最外殻軌道の電子は，マグネシウムは$3s^2$，カルシウムは$4s^2$である。いずれも生物体内では，2価の陽イオンとして働いていることが多い。マグネシウムイオンは細胞内外に存在し主として酵素の活性化に必要である。カルシウムイオンの細胞内濃度は10^{-6} M以下と極めて低いが，細胞外液の濃度は2.5 mM程度である。この濃度差をうまく利用してカルシウムは外部から細胞内へ情報を伝えるメッセンジャーとしての役割を担う（7章で具体的な例を述べる）。脊椎動物ではカルシウムは骨格や歯の主成分で，主に**リン酸カルシウム**として固体で存在している。

ベリリウムイオンやバリウムイオンは，生物にとって有毒である。ベリリウムはマグネシウムとおきかわって酵素活性を阻害し，バリウムイオンはカルシウムイオンの機能を妨害する。生体内に見いだされるストロンチウムは毒性がほとんどない。ただし，放射性のストロンチウムの影響は無視できない。

表 3-2　2A 族元素（アルカリ土類金属元素）の性質

	Be（ベリリウム）	Mg（マグネシウム）	Ca（カルシウム）	Sr（ストロンチウム）	Ba（バリウム）	Ra（ラジウム）
原子番号	4	12	20	38	56	88
原子量	9.01	24.3	40.1	87.6	137	226
天然存在核種の数	1	3	6	4	7	
最外殻	L	M	N	O	P	Q
最外殻電子	$2s^2$	$3s^2$	$4s^2$	$5s^2$	$6s^2$	$7s^2$
第一イオン化エネルギー (eV)	9.32	7.64	6.11	5.69	5.21	
電子親和力 (eV)	<0	<0	<0	<0	<0	
電気陰性度	1.5	1.2	1.0	1.0		
原子半径 (Å)	(1.2)	1.73	(1.97)	(2.15)	(2.17)	
存在量（地殻 μg/g）	2.8	20.9×10^3	36.3×10^3	375	425	
（海水 μg/l）	0.25×10^{-3}	1.3×10^6	0.42×10^6	8×10^3	14	0.1×10^{-6}
存在状態	混在（緑柱石等）	炭酸塩, 硫酸塩	炭酸塩（石灰石）	炭酸塩, 硫酸塩	炭酸塩, 硫酸塩	混在
単体	金属固体	金属固体	金属固体（同素体3種）	金属固体（同素体3種）	金属固体	金属固体
外観	銀白色	銀白色	銀白色	銀白色	銀白色	金属光沢
mp (℃)	1,282	648.8	839	769	729	700
bp (℃)	2,970	1,090	1,484	1,384	1,637	1,140
単体溶解性（水）	不	熱水溶	溶	激しく反応	激しく反応	溶
イオン（水溶液）（条件, 特色）	Be^{2+}	Mg^{2+}	Ca^{2+}	Sr^{2+}	Ba^{2+}	Ra^{2+}
イオン半径 (Å)	0.41	0.86	1.14	1.32	1.49	1.62
備考	合金材料	生体主要イオン	生体主要イオン, 骨歯の成分	^{90}Srは核分裂反応の主成分の1つ, 骨に沈着する	硫酸バリウムは薬用	天然放射性元素

3・3・2　主な化合物

マグネシウムやカルシウムを含む主な化合物としては, **塩化マグネシウム**（$MgCl_2$）, **酸化マグネシウム**（MgO）, **フッ化カルシウム**（CaF_2）などがあり, **塩化カルシウム**（$CaCl_2$）は水を吸収するので乾燥剤として使われている。**炭酸カルシウム**（$CaCO_3$）は**石灰岩**として地球上に広く分布している。炭酸カルシウムを焼いて作られる**酸化カルシウム**（CaO）はしっくいやモルタルなど建築材料として使われている。**硫酸カルシウム二水和物**（$CaSO_4 \cdot 2H_2O$）はセッコウとよばれ, 天然に産しセメントや焼セッコウの原料として大切である。**リン酸カルシウム**（$Ca_3(PO_4)_2$）はすでに述べたようにヒトの骨や歯の主要成分として大切である。

◆ 練習問題 ◆

1. 溶液 1 l 中に存在する溶質（溶けている物質）をモル数で表した濃度を容量モル濃度（単にモル濃度という場合もある）といい，記号 M で表す（高校の教科書では mol/l の単位で記されていたが，この教科書では多くの生物化学の文献で使われている M を容量モル濃度の記号として用いる）。表 3-1 より海水中のナトリウムおよびカリウム（これらの元素は 1 価の陽イオンとして海水中に存在する）の容量モル濃度を求めよ（海水の密度は 1.0 g/cm^3 とせよ）（7 章 表 7-1 参照）。

2. ヒト細胞外液のナトリウムイオン濃度は 140 mM であると 3 章の本文中に述べられている（7 章 表 7-1 も参照）。ヒトの細胞外液は血清成分を含めて全水分の 35% を占める。体重 60.0 kg の人の細胞外液に含まれるナトリウムイオンの質量を求めよ（細胞外液の比重は 1.0 とし，体重に占める水の割合は 2 章の練習問題 5 を見よ）。

3. ヒト細胞外液の 140 mM のナトリウムイオンに対し，電気的中性を保っている主な負イオンは塩化物イオンで，このイオン環境に細胞が浮かんでいる。生体から取り出した細胞を試験管の中で取り扱う場合には同じイオン環境を食塩でつくる。この水溶液を生理的食塩水というが，生理的食塩水 1.0 l をつくるには何 g の食塩が必要か。

4. 水酸化ナトリウムが空気中の二酸化炭素を吸収し，炭酸ナトリウムとなる変化の化学式を記せ。

5. 石灰岩は二酸化炭素存在下（空気中）で水と反応し（水に溶ける）炭酸水素イオンを生じる。この変化の化学反応式を記せ。

6. 炭酸カルシウムは酸，例えば希塩酸に溶ける。この反応は
   $$CaCO_3 + 2HCl \longrightarrow CaCl_2 + H_2O + CO_2$$
   と表せるが，酸に溶けるということを表すこともできる。
   $$CaCO_3 + 2H^+ \longrightarrow Ca^{2+} + H_2O + CO_2$$
   鶏卵を食酢（酸成分は酢酸，CH_3COOH である）に浸けた場合に生じる変化を化学反応式で記してみよ。

7. 高速増殖原子炉 "もんじゅ" ではナトリウムが冷却剤として使われ，このナトリウム漏れ事故を過去に起こした。ナトリウムが冷却剤として用いられていた理由を表 3-1 より考えてみよ。

4章 典型元素 II（p 元素）

4・1 p元素とは

　この章では典型元素の中で最外殻に **p 軌道電子**を含む 3A, 4A, 5A, 6A および 7A 族元素の性質について述べる。原子の化学的性質は最外殻電子の配置のされ方で決まることをすでに学んだ。s 型元素では最外殻である s 軌道に入ることができる電子が 1 個または 2 個と二とおりであったのに対し，この章で扱う **p 型元素**は電子を 6 個収容できる p 軌道をもつ原子なので，原子の種類も多く性質も多彩である。生物を構成する主要な元素のうち，H を除く C, N, O がこのグループに属している。この章でも各グループに属する元素の物性を表で示し（表の読み方については 2 章ですでに説明した），生物にとって重要であると考えられる元素や化合物についてやや詳しく説明する。

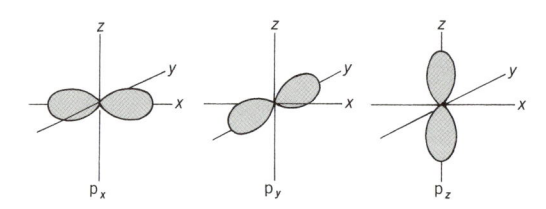

図 4-1　p 軌道の形

　p 軌道には図に示すように，原点（原子核）から x, y, z 方向へひろがる 3 種類があり，それぞれ p_x, p_y, p_z 軌道とよばれる。それぞれの軌道は 2 個の電子を収容できるので p 軌道には合計 6 個の電子が入る。s 軌道に 2 個，p 軌道に 6 個の合計 8 個の電子が入ると，最外殻は閉殻構造となり，安定な希ガス構造となる。Ne, Ar, Kr, Xe, Rn が相当する。これらの希ガスについては 2 章ですでにふれた。この章で取り扱う p 元素とは，p 軌道電子数が 1 個から 5 個の元素である。s 軌道が球状で方向性をもたないのに対し，p 軌道は方向性をもつことに注意しなければならない。

　この章でも最初に各元素の物性を表で示す。

4・2 3A族元素（ホウ素族元素；B, Al, Ga, In, Tl）

4・2・1 一般的性質

このグループの元素は最外殻電子がs軌道に2個，p軌道に1個配置された構造をもつ原子より成り，ホウ素のみが非金属で他の4元素は金属である。ホウ素やアルミニウムでは2個のs軌道電子と1個のp軌道電子が離れた3価の正イオンや，3価の化合物が一般的である。タリウムには1価の化合物があり，Tl^+イオンの存在も知られている。

ホウ素には多数の同素体が存在し，表4-1ではβ三方晶という同素体についての値を示した。ホウ素は他の3A族元素よりむしろ炭素やケイ素と性質が似ている。SiO_2とB_2O_3を主成分とする**パイレックス**（商品名）ガラスは耐熱性に優れ，日用品として使用されてい

表4-1　3A族元素（ホウ素族元素）の性質

	B（ホウ素）	Al（アルミニウム）	Ga（ガリウム）	In（インジウム）	Tl（タリウム）
原子番号	5	13	31	49	81
原子量	10.81	26.98	69.72	114.8	204.4
天然存在核種の数	2	1	2	2	2
最外殻	L	M	N	O	P
最外殻電子	$2s^2 2p^1$	$3s^2 3p^1$	$4s^2 4p^1$	$5s^2 5p^1$	$6s^2 6p^1$
第一イオン化エネルギー (eV)	8.30	5.79	6.00	5.79	6.11
電子親和力 (eV)	0.28	0.44	0.30	0.30	0.2
電気陰性度	2.0	1.5	1.6	1.8	1.8
原子半径 (Å)		(1.43)	1.9	1.9	2.0
存在量 （地殻 $\mu g/g$）	10	81.3×10^3	15	0.1	0.45
（海水 $\mu g/l$）	4.4×10^3	2	0.03	0.1×10^{-3}	20×10^{-3}
存在状態	酸素を含む塩（ホウ砂）	酸化物（ボーキサイト）	混在	混在	混在
単体	固体（同素体有）	固体金属	固体金属	固体金属	固体金属
外観	黒(赤)結晶	銀白色	白色	銀白	白色
mp (℃)	2,300	660	27.8	157	304
bp (℃)	3,658	2,467	2,403	2,080	1,457
単体溶解性 (水)	不	不	不	不	不
イオン（水溶液）（条件，特色）		アクアイオン（八面体型）	アクアイオン（八面体型）	アクアイオン（八面体型）	アクアイオン（八面体型）
イオン半径 (Å)		0.68	0.76	0.94	1.64
備考	ホウ酸 $B(OH)_3$ 眼の洗浄	軽合金材料（ジュラルミン）	半導体（GaAs）	半導体材料	有毒

る。ホウ素の酸化物であるホウ酸（B(OH)$_3$）は20℃で100 mlの水に3.99 g溶解し，水溶液は弱い酸性を示す。飽和水溶液を2倍に薄めた溶液は眼科用や泌尿器科用の洗浄液として使用されたり，皮膚疾患用の軟膏に混ぜられたりして用いられている。

$$B(OH)_3 + H_2O \longrightarrow B(OH)_4^- + H^+ \qquad (4\text{-}1)$$

ガリウムやインジウムは半導体の材料となり，特にヒ化ガリウム GaAs は発光ダイオードなどに用いられる。この節ではアルミニウムについてのみ詳しく説明する。

4・2・2　アルミニウム（Al）

(a)　化学的性質

アルミニウムは地殻存在量が元素としては第3位，金属元素としては第1位の物質である。単体は天然に存在する鉱石**ボーキサイト**，Al$_2$O$_3$・nH$_2$O から電解精練して得られる。アルミニウムの単体は銀白の軽金属（密度 2.7 g/cm^3）で熱，電気伝導性が高い。アルミニウムと銅，マグネシウム，マンガンの合金（Al；95，Cu；4，Mg；0.5，Mn；0.5，%）が**ジュラルミン**で，強力軽合金なので航空機構造材として用いられる。アルミニウムを濃硝酸や濃硫酸で処理すると表面に安定な酸化被膜を生じ，酸などと反応しにくくなる。このような状態を**不動態**という。アルミニウムを電気的処理することによっても表面に酸化被膜が形成され，耐食性，絶縁性に優れた**アルマイト**が得られる（この方法はわが国で発明され，アルマイトは日本における商品名である。米国ではアルミライト，ドイツではエロクサールと呼ばれる）。軽量で耐食性にすぐれたアルミニウム製品は建築資材（アルミサッシなど）や鍋など台所用品として身近な金属である。単体のアルミニウムは塩酸や強塩基に溶け，水素を発生する。酸にも塩基にも溶ける物質を両性物質という。

$$2Al + 6HCl \longrightarrow 2AlCl_3 + 3H_2 \qquad (4\text{-}2)$$
$$2Al + 2NaOH + 2H_2O \longrightarrow 2NaAlO_2 + 3H_2 \qquad (4\text{-}3)$$
$$2Al + O_2 = 2Al_2O_3 + 1{,}674\,kJ \qquad (4\text{-}4)^※$$

単体のアルミニウムは酸素と強く結合し，この反応は高熱を発する。還元されにくいクロム，コバルトやマンガンの酸化物でもアルミニウムの粉と混ぜて点火すると激しく反応し，還元される。この方法を**テルミット法**と呼ぶ。アルミニウムの無水酸化物は3価の化合物である**アルミナ**（Al$_2$O$_3$）のみであるがこの物質には結晶構造の違いにより，α-Al$_2$O$_3$とγ-Al$_2$O$_3$の2種類の形がある。α-Al$_2$O$_3$は硬くて水和しにくく，酸にも侵されない。γ-Al$_2$O$_3$はたやすく水を吸収し，酸に溶ける。生体由来の脂質や植物の色素（クロロフィルやカロチノイド）はアルミナを用いたカラムクロマトグラフィーという方法で分離することができるが，この場合のアルミナはγ-Al$_2$O$_3$である。

酸化アルミニウムは他の金属を痕跡量含む混合酸化物をつくり，天然産物は宝石として珍重される。クロムを含むとルビー，鉄やチタンを含むとサファイアなどである。現在で

※　出入する熱を記した化学反応式の書き表し方は4・3・2(c)の脚注に記した。

はこれらの宝石は人工的にもつくられている。

　硫酸アルミニウム($Al_2(SO_4)_3$)水溶液に硫酸カリウム(K_2SO_4)水溶液を加え，水を蒸発させると無色透明な正八面体結晶が得られ，この物質を**ミョウバン**という(カリウムミョウバン)。ミョウバンの化学式は$AlK(SO_4)_2 \cdot 12H_2O$で水に溶かすと，もとの成分イオンに解離する。

$$AlK(SO_4)_2 \cdot 12H_2O \longrightarrow Al^+ + K^+ + 2SO_4^{-2} + 12H_2O \quad (4\text{-}5)$$

3価のV, Cr, Mn, Fe, Coなどの金属元素と，Liを除く1価の元素が同じ形の化合物を形成することが知られており，これらの化合物を一般的にミョウバンともいう。アルミニウム-カリウムミョウバンは古くから医薬品として用いられており，アルミニウムという元素名はミョウバンがアルム(alum)とよばれていたことに由来する。ミョウバンは現在でも水の浄化などに使われている。

(b) 生物とアルミニウム

　アルツハイマー病を発症して死亡したヒトの脳にアルミニウムが高濃度で存在しているという指摘が一時期話題になり，アルミニウムの神経毒性が問題にされた。しかしアルミニウム原因説に対して，現在では否定的な見方が多い。われわれが日常的に摂取する野菜類にはppm単位のアルミニウムが含まれている。ところがヒトの腸におけるアルミニウムの吸収率はきわめて低く，またわずかに吸収されたアルミニウムも腎臓で効率的に尿中へと排泄される。したがって血清中のアルミニウム存在量は数ppm以下で，きわめて低い。アルミ缶入清涼飲料水も健常人の場合には問題ないだろう。腎臓機能に障害を起こし，人工透析を受けている患者の血清中のアルミニウム存在量が50 ppm以上に増加している例がある。このような場合には骨軟化症を生じ，アルミニウムが骨へのカルシウム沈積を妨げているらしいが，詳細は未だ不明である。最近アルミニウムが生体のエネルギー物質として重要なアデノシン-5'-三リン酸(ATP, 4・4・3(c)参照)と結合することも注目されている。

　ところで諸君は**酸性雨**の問題を知っているだろう。原油や重油を燃焼すると混在している硫黄が酸化され，雨水に吸収され硫酸となって降ってくる(4・5・3(b)参照)，あるいは自動車の排気ガスに含まれる窒素の酸化物がやはり雨水に吸収され硝酸となって降ってくる(4・4・2(c)参照)現象である。地殻に大量に存在するアルミニウムの酸化物Al_2O_3は硫酸や硝酸に溶けるので，雨水を根から吸い上げる植物は必然的に多量のアルミニウムイオンを摂取することになる。この植物を食料とする動物も間接的に多量のアルミニウムを吸収することになる。

$$Al_2O_3 + 3H_2SO_4 \longrightarrow Al_2(SO_4)_3 + 3H_2O \quad (4\text{-}6)$$
$$Al_2O_3 + 6HNO_3 \longrightarrow 2Al(NO_3)_3 + 3H_2O \quad (4\text{-}7)$$
$$Al_2(SO_4)_3 \longrightarrow 2Al^{3+} + 3SO_4^{2-} \quad (4\text{-}8)$$
$$Al^{3+} + 6H_2O \xrightarrow{\text{水溶液}} [Al(H_2O)_6]^{3+} \quad (\text{正八面体型水和イオン}) \quad (4\text{-}9)$$

多量のアルミニウムイオンが植物に与える影響については，はっきりしたことはわかっ

ていないが，根の細胞に致命的な打撃を与えると主張する研究者もいる。アルミニウムイオンは当然川や海にも流れ込むので，広い生物世界に影響をもたらす可能性がある。酸性雨は広い範囲に降り注ぐので，地球規模での環境問題として今後十分に注意を払う必要がある。

4・3　4A族元素（炭素族元素；C, Si, Ge, Sn, Pb）

4・3・1　一般的性質

このグループの元素は最外殻電子がs軌道に2個，p軌道に2個の電子が配置された構造をもつ原子よりなる。スズと鉛は金属元素で，酸性の水に溶け，p軌道電子を失い2価の陽イオンとなる。ところが炭素やケイ素では4価の化合物が重要である。

表4-2　4A族元素（炭素族元素）の性質

	C（炭素）	Si（ケイ素）	Ge（ゲルマニウム）	Sn（スズ）	Pb（鉛）
原子番号	6	14	32	50	82
原子量	12.01	28.05	72.59	118.7	207.2
天然存在核種の数	2	3	5	10	4
最外殻	L	M	N	O	P
最外殻電子	$2s^2 2p^2$	$3s^2 3p^2$	$4s^2 4p^2$	$5s^2 5p^2$	$6s^2 6p^2$
第一イオン化エネルギー　(eV)	11.26	8.15	7.90	7.34	7.42
電子親和力　(eV)	1.26	1.39	1.2	1.3	0.36
電気陰性度	2.5	1.8	1.8	1.8	1.8
原子半径　(Å)	1.70	2.10	2.10	2.17	2.02
存在量　(地殻 $\mu g/g$)	200	277.2×10^3	1.5	2	13
（海水 $\mu g/l$）	28×10^3	2×10^3	0.05	10×10^{-3}	10×10^{-3}
存在状態	石炭，石油 生物体	酸化物 ケイ酸塩	混在	酸化物 （スズ石）	硫化物 （方鉛鉱）
単　体	固体 （同素体有）	固体	固体金属	固体金属	固体金属
外　観	無色，黒	灰色光沢	灰色光沢	灰色光沢	灰色
mp　(℃)	3,550	1,410	937.4	232.0	327.5
bp　(℃)	4,800	2,355	2,830	2,270	1,740
単体溶解性　(水)	不	不	不	不	不
イオン　（水溶液） （特色，条件）	—	—	—	Sn^{2+} （酸性）	Pb^{2+} （酸性）
イオン半径　(Å)				0.83	1.33
備　考	生体主成分	地殻存在量 第2位	半導体	青銅，ハンダの材料	バッテリーの電極

スズは鉛とともに最も古くから知られていた元素で，人類が紀元前から利用してきた。銅とスズ2〜35％の合金が**青銅**で武器や装飾品などとして利用され，青銅文明ともいわれる一時代を築いた。微量のスズはヒマワリの根の成長や，シイタケの子実体形成を促進し植物にとって必須元素であるという主張もある。またラットなどでスズ欠乏は脱毛などの症状を示すので動物にとっても必須元素であるという見方もある。しかし現在のところ明確にされるには至っていない。

鉛はPb_3O_4（赤色）や$PbCrO_4$（黄色）が顔料として用いられてきた。鉛は柔らかくて加工しやすい金属なので，鉛管，鉛版，活字合金として広く用いられてきた。しかし鉛が生体内に多量に蓄積すると鉛中毒を起こすことが知られているので，水道管や台所の流しでの使用はされなくなった。狩猟用に用いられた散弾銃の鉛を含む銃弾が原因でワシ等の猛禽類が鉛中毒で死んだ例も日本で報告されている。現在，鉛のもっとも重要な用途は自動車のバッテリーである**鉛蓄電池**の電極材料である。鉛を負極とし，二酸化鉛PbO_2を正極とし，30％硫酸（比重1.2）に浸すと2Vの起電力を生じる。通常の自動車用バッテリーは6槽の電池を直列に繋ぎ12Vの端子出力を得ている。反応式から分かるように，放電が進むとH_2SO_4濃度が低くなるのでバッテリー液の比重が下がる。この場合には充電により液の比重を1.2まで回復させればよい。

$$\underset{\text{負極}}{Pb} + \underset{\text{正極}}{PbO_2} + 2H_2SO_4 \underset{\text{充電}}{\overset{\text{放電}}{\rightleftarrows}} \underset{\text{両極表面}}{2PbSO_4} + H_2O \qquad (4\text{-}10)$$

ゲルマニウムは生物体内にほとんど存在しない。この節では炭素と，医療用材料として重要なケイ素をとりあげることにする。

4・3・2　炭　　素(C)

(a)　化学的性質（炭素原子の混成軌道）

炭素は生物体（有機体）を構成する重要な元素で，水素や酸素との化合物が生物体あるいは生物体由来の物質（石炭や原油）として天然に存在する。生物体由来以外で天然に存在する炭素の単体としては，**ダイヤモンド**と**黒鉛**（グラファイト）が代表例である。最近さらに球状炭素クラスターである**フラーレン**（C_{60}, C_{70}, C_{76}などさまざまな炭素クラスターが知られている）の存在が注目されている。したがってかなりの数の炭素同素体が存在することになる。

炭素の最外殻電子構造$2s^22p^2$から考えると炭素の水素化物としてはCH_2が安定に存在してもよさそうだが現実には**CH_4（メタン）**が安定に存在する。しかもメタンでは炭素に結合した4原子の水素は化学的にまったく等しい性質をもっていることが知られていた。この事実は炭素が四つの等しい共有結合性軌道をもつことを意味し，x, y, z方向にひろがるp軌道や球状にひろがるs軌道だけでは説明できなかった。**ポーリング**はこの問題が**混成軌道**という考え方で解決できることを示した。図4-2の(a)に炭素の電子配置を示した。2s軌道の電子一つを(b)に示すようにp軌道に昇進させ，最外殻電子配置を$2s^12p^3$と

する。一つのs軌道と三つのp軌道からもとの軌道とはまったく性質の異なる，あらたな軌道**sp³混成軌道**が生じると考える。sp³(spスリーと読み，スリーは三つのp軌道が混成に参加していることを意味する)混成軌道は図4-3(a)に示すように空間4方向へひろがる軌道で，それぞれ等価な軌道が炭素に由来する電子を1個ずつもつ。メタンの場合，4本の混成軌道それぞれが水素原子のもつ1個の電子を収容し，2個の電子で軌道が満たされると安定になると考える。このような共有結合でメタンの化学的性質がうまく説明できた。

図4-2　炭素原子の電子配置

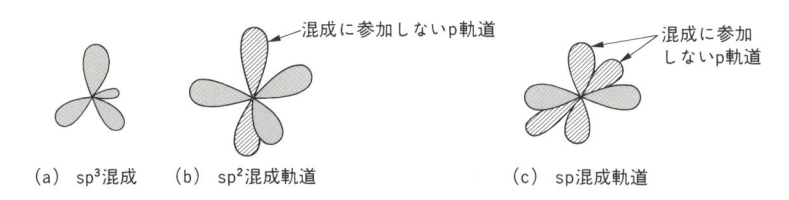

図4-3　炭素原子の混成軌道

ポーリング博士(Linus C. Pauling, 1901-1994)

　米国の物理化学者。結晶内のイオン半径や共有結合半径の決定，電気陰性度の定量化，本文で記した混成軌道の提示，水素結合の結合距離や結合エネルギーの詳細等々，化学の基礎分野発展に多大な貢献をした。1951年にはタンパク質のらせん構造説を提出，さらに抗原抗体反応の鋳型説の提唱，またヘモグロビン分子の異常を発見し"分子病"の概念を提出する等，生物関連分野でも大きな貢献をした。1954年にはノーベル化学賞を受賞している。反戦，反核の運動家としても著名で，1961年に核拡散防止会議を組織した。その功績により1963年ノーベル平和賞を受賞。

　2s軌道の電子を2p軌道に昇進させるためにはかなり大きなエネルギー(272 kJ/モル)を要するが，その結果生成するsp³混成軌道による分子がエネルギー的に非常に安定なので，昇進のエネルギーを補って余りあると考えられている。2sの一つの電子と，二つあるいは一つの2p軌道の電子でつくられる混成軌道もある。それぞれ**sp²混成，sp混成軌道**とよばれ，軌道の形を図4-3(b)，(c)に示した。sp²混成軌道でエチレンやベンゼンの化学的性質がうまく説明でき，sp混成軌道ではアセチレンの化学的性質が都合よく説明できる。混成軌道の考え方は炭素のみならず酸素など他の原子にも適用できる。

(b)　一酸化炭素(CO)

　炭素や炭素化合物が空気中で不完全燃焼したり，二酸化炭素と高温の炭素による反応，

メタンガス(都市ガスして一般的に用いられている)の部分酸化などで生じる。一酸化炭素は無色・無臭で水にはほとんど溶けない気体であるが，血液中のヘモグロビン[※1]に強く結合し，ヘモグロビンの酸素結合能を阻害するのできわめて有毒である。炭や炭素化合物を燃料として用いる場合には空気が充分量存在する(酸素が充分量あるという意味である)よう換気に注意しなければならない。

$$2C + O_2 \longrightarrow 2CO \tag{4-11}$$

$$CO_2 + C \longrightarrow 2CO \tag{4-12}$$

$$2CH_4 + O_2 \longrightarrow 2CO + 4H_2 \tag{4-13}$$

(c) 二酸化炭素(CO_2)

炭素や炭素化合物の空気中での燃焼や，生物の呼吸，腐敗などで生じる。通常の空気中には約 0.03％，ヒトの呼気には約 3.6％(いずれも体積％)含まれている。二酸化炭素は比重が空気より大きな気体で深い穴などでは底にたまりやすい。

私たちは炭素化合物の燃焼により生じる熱エネルギーの恩恵に浴している。燃焼反応の例を，物質1モル当たりの燃焼に伴う熱化学方程式[※2]で示す。ウンデカンは灯油の主成分である。例に示した他にも炭素化合物であるガソリンや重油燃焼による膨大なエネルギーを私たちは利用している。

木炭(炭素が主成分)　$C + O_2 = CO_2 + 394\ kJ$ (4-14)

メタンガス　$CH_4 + 2O_2 = CO_2 + 2H_2O + 915\ kJ$ (4-15)

プロパンガス　$C_3H_8 + 5O_2 = 3CO_2 + 4H_2O + 2220\ kJ$ (4-16)

ウンデカン　$C_{11}H_{24} + 17O_2 = 11CO_2 + 12H_2O + 7489\ kJ$ (4-17)

これらの反応式から分かるように多量の酸素が消費され，多量の二酸化炭素が大気中に放出されることになる。大気中の CO_2 は地表から放射される熱エネルギーを吸収し，再び熱エネルギーとして放射するので**温室効果**を示す。1965年頃 0.032％だった大気中の CO_2 が最近では 0.036％に増加し，その結果地球環境の温暖化が生じたとされている。メタンガスも温室効果を示す物質である。植物の光合成反応により大気中の二酸化炭素が捕らえられ，**グルコース**(別名ブドウ糖，デンプンの成分)と酸素が生じる。

$$6CO_2 + 6H_2O = C_6H_{12}O_6 + 6O_2 - 2802\ kJ \tag{4-18}$$

(4-18)の反応が右向きに進むためには 2802 kJ のエネルギーが必要であるが，植物は太陽エネルギーを捕捉して反応を進めている。人類の活動による大気中の二酸化炭素の増加や酸素の減少という変化に対して，植物の働きにより自然界のバランスを回復できる可能性に注目することが地球温暖化の解決策の一つであることを示している。

二酸化炭素は比較的水に溶けやすく，水と反応し水素イオン(H^+)と**重炭酸イオン**

[※1] ヘモグロビンについては7章7・3・1で詳しく述べる。
[※2] 化学反応式にその反応で出入りする熱量をも記した式を熱化学方程式といい，(4-14)式～(4-17)式に示したように等号を用いて表す。発熱反応の場合には出てくる熱量の前に＋記号を，吸熱反応の場合には吸収される熱量の前に－記号をつける。

(HCO_3^-)を生じ，溶液は弱い酸性を示す．

$$CO_2 + H_2O \rightleftarrows (H_2CO_3) \rightleftarrows H^+ + HCO_3^- \qquad (4\text{-}19)$$

大気中のCO_2が溶解している雨水は弱酸性である．炭酸H_2CO_3に括弧をつけたのは水に溶けたCO_2のうち炭酸として存在するのはごくわずか（〜0.3%）で，ほとんど全てはH^+とHCO_3^-として存在するからである．清涼飲料水やビールなどでは二酸化炭素が高い圧力のもとで溶けているので，栓をとり大気圧下になると反応が左向きに進み，気体の二酸化炭素が泡として生じることになる．(4-19)は私たちの血液のpHを一定に保つために重要な反応であるが，詳細は5・3・2に記した．二酸化炭素の固体は**ドライアイス**として知られている．ドライアイスは-78.9℃で固体状態から液体を経ないで気体に変化（**昇華**）するので冷却剤として重宝される．

4・3・3 ケイ素(Si)

(a) 化学的性質

ケイ素は酸素に次いで地殻に多量に存在する元素で，岩石や鉱物の主成分である．**石英は二酸化ケイ素**(SiO_2)を成分とする結晶で，SiO_2が図4-4に示す網目状に共有結合した物質であり，$(SiO_2)_n$の化学式で表される．このような化合物を**無機高分子化合物**という．二酸化ケイ素の粉末を炭酸ナトリウム(Na_2CO_3)あるいは水酸化ナトリウム(NaOH)と混合して融解すると，ケイ酸ナトリウム(Na_2SiO_3)が得られる．ケイ酸ナトリウムを水に溶かして，長時間加熱するとシロップ状の液体となり，これは水ガラスと呼ばれる．**水ガラス**に塩酸(HCl)を加えると白色のケイ酸($SiO_2 \cdot nH_2O$)が沈殿する．この沈殿した物質を乾燥させたものを**シリカゲル**と呼ぶ．シリカゲルは水分を吸着しやすいSi-OHの構造をもち，また多孔質であるので食品等の乾燥剤として広く用いられている．

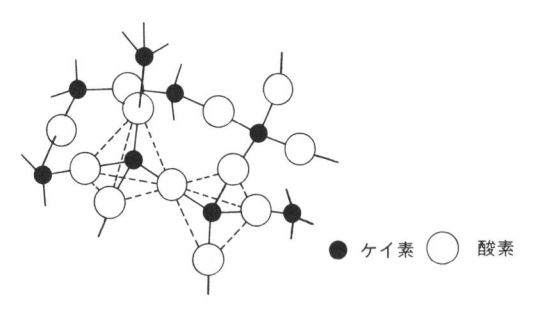

●ケイ素 ○酸素

図4-4 石英結晶構造

二酸化ケイ素に炭酸カルシウム($CaCO_3$)や炭酸ナトリウムを加え，高温で融解し冷却すると，私たちの生活の場にある**ガラス**が得られる．ガラスは図4-4に示した石英結晶の単位であるSiO_2の正四面体構造が不規則に結合した網目状を成し，網目の間にNa^+やCa^{2+}イオンが入りこんだ構造をしている．構成原子や分子が規則正しい繰り返し配列でできている物質を結晶と言い，ガラスのように構成単位が不規則に結合している物質は**ガラス状**

態という。

ガラスはわれわれの目が認識できる波長の光(可視光線)をよく通すのでガラス窓として用いられるが，紫外線はほとんど吸収してしまう。したがってガラス窓越しに太陽光を浴びてもあまり日焼けすることはない。一方，石英は可視光線も紫外線もよく通す。

(b) 生物とケイ素

ヒトを含め哺乳動物ではケイ素の含量は低く(～100 ppm)，生理機能的にも重要な元素とはいえない。ところが熱い温泉に生息しているケイ酸バクテリアをはじめ，原生動物，ケイ藻類，海綿動物，植物(米，キビ，大麦，タケ，タバコの葉)などではSi-O-C, Si-N-C あるいは Si-C などケイ素を含む物質(有機ケイ素とよばれる)が見いだされ，その含量も高い。これらの生物には鉱物ケイ素から有機ケイ素化合物を合成できる酵素が存在することが知られている。進化の過程で生物は地殻に多量に存在するケイ素を有効に利用したのだろう。

(c) ケイ素樹脂(シリコーン)

メチル基(CH_3-)など有機基をもつケイ素(シリコン，silicon)と酸素から構成されている高分子化合物を**シリコン樹脂**(シリコーン，silicone)あるいはシリコンゴムという。シリコーンは生体に対して無刺激性で抗血栓性(血液が凝固しにくい)という特質をもち，さらに耐久性，加工性に優れている。シリコーンはカテーテルなどの医療器具としてすでに広く用いられているが，さらに人工心臓，人工肺あるいは人工皮膚の材料として研究が進められている。

4・4　5A族元素(窒素族元素；N, P, As, Sb, Bi)

4・4・1　一般的性質

このグループの元素は最外殻電子がs軌道に2個，p軌道に3個の電子が配置された構造を持つ原子よりなり，アンチモン，ビスマスは金属元素である。**ヒ素**には3種の同素体が存在し，室温で最も安定なαヒ素は金属的な性質をもつ。ヒ素は有毒物質であるので注意して取り扱う必要がある。ヒ素を含む化合物であるサルバルサンは梅毒の治療薬として過去において使用されていたが，現在ではペニシリンなどの抗生物質に取って代わられている。ヒ素を含む化合物はある種の酵素と反応し，細胞の代謝活性を阻害することが知られている。表4-3に示すように海水中にヒ素が存在し，魚類，貝類やコンブなどの海藻類にヒ素が濃縮されて存在する。しかしこれらの生物中に存在するヒ素はさまざまな化合物を形成しており，毒性は低いといわれている。

アンチモンやビスマスは生体には見いだされないし，生物への影響も今のところ知られていない。この節では生物にとって重要な元素である窒素とリンについて詳しく述べることにする。

表 4-3　5A 族元素（窒素族元素）の性質

	N（窒素）	P（リン）	As（ヒ素）	Sb（アンチモン）	Bi（ビスマス）
原子番号	7	15	33	51	83
原子量	14.0	40.0	74.9	121.8	209.0
天然存在核種の数	2	1	1	2	1
最外殻	L	M	N	O	P
最外殻電子	$2s^2 2p^3$	$3s^2 3p^3$	$4s^2 4p^3$	$5s^2 5p^3$	$6s^2 6p^3$
第一イオン化エネルギー (eV)	14.53	10.49	9.81	8.64	7.29
電子親和力 (eV)	−0.07	0.75	0.81	1.07	0.95
電気陰性度	3.0	2.1	2.0	1.9	1.9
原子半径 (Å)	1.55	1.80	1.85	2.2	
存在量（地殻 µg/g）	20	1.05×10^3	1.8	0.2	0.17
（海水 µg/l）	0.15×10^6	60	3.7	0.24	20×10^{-3}
存在状態	空気中生物体	リン酸石灰鉱	硫化物	硫化物	硫化物
単　体	N_2（気体）	固体（同素体有）	金属結晶	固体金属	固体金属
外　観	無色	淡黄（黄リン）	灰色	銀白光沢	銀白光沢
mp (℃)	−210	44.2		630.7	271.4
bp (℃)	−195.8	280	615（昇華）	1,635	1,610
単体溶解性　（水）	難	不	不	不	不
イオン（水溶液）（特色，条件）	—	—	—	—	—
イオン半径 (Å)					
備　考	単体は安定 空気の主成分	骨，歯の主成分，リン酸イオンは重要	有毒	バッテリー（鉛との合金）	液体の密度が固体より大

4・4・2　窒　素（N）

(a) 化学的性質

窒素は地殻中に**硝石**（KNO_3）や**チリ硝石**（$NaNO_3$）として存在するが，量はそれほど多くない。生物体では酸素，炭素，水素に次いで多く存在し，タンパク質や核酸の構成成分として重要である。

大気中には空気の主成分として存在する。表 4-4 に乾燥空気の気体成分を示した。空気中の水分は変動があるので，成分は水分を除いた乾燥空気中の値を表示する。気体の窒素は無色，無臭な N_2 分子として存在し，p 軌道電子による三重の共有結合により結びついているので，常温，常圧では希ガスに次いで安定な気体である。図 4-5 に示すように N≡N は共有結合が 3 本あることを意味している。

4章 典型元素Ⅱ（p元素）

$$\cdot\ddot{N}\cdot + \cdot\ddot{N}\cdot \longrightarrow \ddot{N}\vdots\vdots\vdots\ddot{N}$$

$$(N + N \longrightarrow N\equiv N)$$

図 4-5　窒素分子の電子構造

表 4-4　乾燥空気の成分

成分物質	体積（％）
窒　素	78.08
酸　素	20.95
アルゴン	0.934
二酸化炭素	0.033
メタン	0.0002
その他の希ガス	0.0028

　ところで窒素分子の三重結合の中身をもう少し深く考えてみよう。窒素分子生成に関係する窒素原子の電子は 2p 電子のみで，2s 電子は関係しないという意味を込めて図 4-6 を見てほしい。図 4-5 の窒素原子の上に記した 2 個の電子は 2s 軌道の電子とし，左右および下に記した電子はそれぞれ p_x, p_y, p_z 軌道の電子だとする。2 原子を接近させると，例えば px 軌道が重なり合い，px 軌道に由来する結合軌道とよばれる軌道に電子が入る。この結合性の軌道も 2 個だけの電子を収容できる。したがって 2 原子がもっていた 2 個の 2px 電子がこの軌道に収容され，安定な状態となる。$2p_y$, $2p_z$ 電子についても同じことがいえる。つまり $2p_x$, $2p_y$, $2p_z$ それぞれに 1 組ずつ，合計三つの軌道の重なり合いができるので N_2 分子は三重結合をしている。ところで図 4-6 に示すように 2px 軌道の重なり合いは結合が起こる軸と一致する。

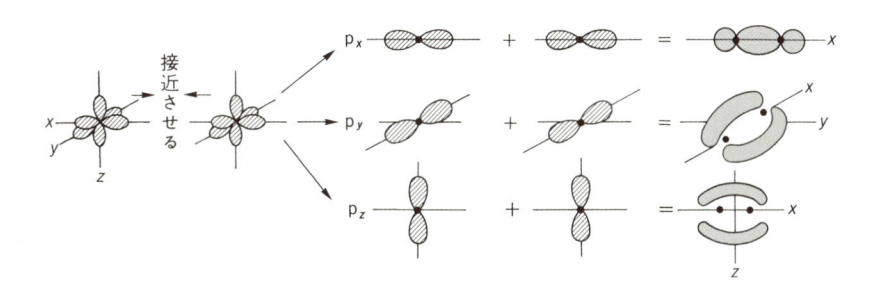

図 4-6　窒素原子の 2p 軌道の重なりによる窒素分子生成
（斜線部分は 1 個の電子をもつ原子軌道，塗りつぶした部分は 2 個の電子で満たされた結合性軌道，p_y の場合には重なり合う電子雲を示すため軸を回転させている）

　一方，$2p_y$, $2p_z$ 軌道の場合には結合の軸に対してそれぞれ直角な空間に広がる軌道の重なり合いである。したがって窒素分子は N≡N の共有結合で結ばれていると表現されるが，結合の中身を厳密に検討すると二種類の異なった結合が含まれている。二重結合や三重結合をもつ分子の化学的性質にとって，この結合の性質の違いは重要である。軌道の重なり合い（電子雲の重なり合いともいえる）が結合軸と一致する結合は **σ 結合**，一方結合軸に対し直角に広がる軌道の重なり合いによる結合は **π 結合** と区別する。

(b) アンモニア

アンモニア（NH$_3$）は無色の刺激臭をもつ気体である。アンモニア分子は正三角錐型で，この分子形は窒素原子の sp^3 混成軌道を考えると説明できる（4・3・2 (a) 参照）。四方向へ広がる一つの軌道には窒素原子の電子が二つ収容され，残る三つの軌道には窒素原子の電子が 1 個ずつ収容されており，これらの軌道に水素が電子を提供して共有結合する。したがって分子形は図 4-7 に示した三角錐となる。

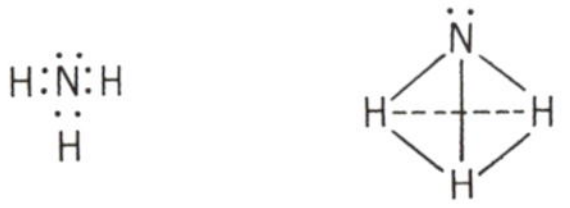

図 4-7　アンモニアの電子構造と分子形 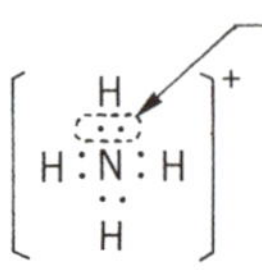　　図 4-8　アンモニウムイオンの電子構造

アンモニア分子はタンパク質の最終代謝産物として生体内にも存在する。生体内にアンモニアが蓄積すると毒性を発揮するので，アンモニアは**尿素**（NH$_2$CONH$_2$）に変換され，尿成分として体外へ排泄される。

アンモニアは水によく溶け，弱い塩基性を示す。2% 程度のアンモニア水溶液は虫さされの痒みどめとして現在でも用いられている。古い教科書ではアンモニアを水に溶かすと水酸化アンモニウム（NH$_4$OH）という分子種が生じ，NH$_4$OH が NH$_4^+$ と OH$^-$ に解離するという機構が書かれているかもしれない。しかし NH$_4$OH の存在は実験的に見いだせないので，最近では (4-20) に示すように水に溶けたアンモニアという意味を示すために aq という記号（aqua または aqueous，水溶液を意味する）を用いて反応を記述する。

$$\text{NH}_3(\text{aq}) + \text{H}_2\text{O} \rightleftarrows \text{NH}_4^+ + \text{OH}^- \tag{4-20}$$

アンモニウムイオン（NH$_4^+$）は窒素原子に 4 原子の水素が結合しているが，1 原子の水素は窒素原子の電子を利用して共有結合している。共有電子対が一方の原子だけから提供される共有結合を**配位結合**といい，配位結合は共有電子対のでき方が異なるだけで，結合そのものは一般的な共有結合と何ら変わらないことは 1・4・4 ですでに学んだ。窒素原子に結合したアンモニウムイオンの 4 原子の水素はすべて同じ性質をもち，区別できない。

(c) 窒素酸化物

窒素と酸素は表 4-5 に示したようにさまざまな化合物をつくる。自動車のエンジンは空

表 4-5　窒素酸化物

化合物名	分子式	0°C での状態
一酸化二窒素	N$_2$O	無色の気体
一酸化窒素	NO	無色の気体
三酸化二窒素	N$_2$O$_3$	青色の液体
二酸化窒素	NO$_2$	赤褐色の気体
四酸化二窒素	N$_2$O$_4$	無色の液体
五酸化二窒素	N$_2$O$_5$	無色の固体

気を吸い込み,ガソリンを燃焼し高温になる。空気中には窒素が多量に存在するので高温では酸素と反応し,いろいろな窒素酸化物を生じる。新聞紙上に出てくるNOxという表記はこれらの物質の混合物を指し示す。**一酸化窒素**(NO)は水に溶けにくく,不安定で空気中ではすぐに酸化されて**二酸化窒素**(NO_2)になる。二酸化窒素は有毒な気体で,水に溶けやすく高温では**硝酸**(HNO_3)と一酸化窒素,低温では硝酸と**亜硝酸**(HNO_2)を生じる。硝酸は酸化作用が強く,炭素や硫黄とも反応するし,銅,銀,水銀なども溶かし,工業的に重要な酸化剤である。硝酸と塩酸の混合溶液はきわめて強い酸化力をもち,**王水**と呼ばれている。

(高温)　$3NO_2 + H_2O \longrightarrow 2HNO_3 + NO$　　　　　(4-21)

(低温)　$2NO_2 + H_2O \longrightarrow HNO_3 + HNO_2$　　　　　(4-22)

自動車や高温で運転されるボイラーなどからの排気ガスに含まれる窒素酸化物に由来するNO_2が空気中に拡散してゆくとやがて雨水に溶けることになる。われわれの便利な生活のつけが硝酸となり天から降ってくるわけである。酸性雨については4・2・2(b)でもふれたように,直接的,間接的に地球規模での生物環境の破壊につながる深刻な問題である。

(d) 生物と窒素酸化物

二酸化窒素は有毒であると前節で記した。窒素酸化物でも一酸化二窒素(N_2O)は厳密な管理下でヒトに吸入させ,麻酔ガス(**笑気ガス**といわれる)として使用されている。さらに一酸化窒素 NO が生体内で多彩な機能を発揮していることが最近明らかにされつつある。ヒトの唾液には総量 16〜400 mM 程度の NO が存在する。NO は純水に 2 mM 程度(20℃)しか溶けないので,唾液中で NO は他の物質に結合し,口腔内における殺菌作用に重要な役割を果たしていると考えられている。生体に存在する NO は図4-9に示すように,食物として摂取したタンパク質の成分であるL-グルタミン酸から合成される。図4-9に示したNOの生理作用は代表的なもので,そのほかにも免疫系,ホルモン系,消化器系などに対する多くの作用が明らかにされている。爆薬としてノーベルによって発明されたニトログリセリンが狭心症の治療薬であることを諸君は知っているだろう。この薬の作用機序はニトログリセリンに由来する NO により心臓冠動脈の筋肉が弛緩することによると説明されている。

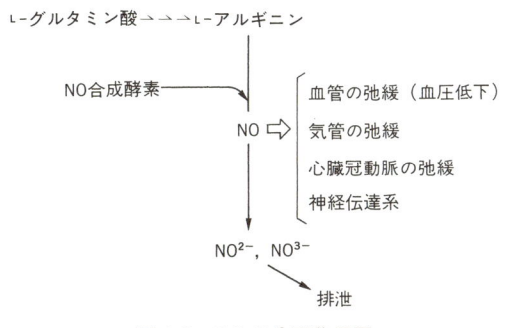

```
L-グルタミン酸 → → → L-アルギニン
                        ↓
        NO合成酵素 ↘   ┌ 血管の弛緩(血圧低下)
                   NO ⇨ ├ 気管の弛緩
                        ├ 心臓冠動脈の弛緩
                        └ 神経伝達系
                   ↓
              $NO^{2-}$, $NO^{3-}$
                        ↘ 排泄
```

図 4-9　NO の生理作用図

4・4・3 リン(P)

(a) 化学的性質

リンは自然界に単体としては存在せず，地殻中では**リン酸カルシウム**($Ca_3(PO_4)_2$)などのリン酸塩として存在し，元素としての存在量は11番目に多い。リン酸カルシウムは生物体内の骨や歯の主要成分でもある。リンの同素体は10種類以上知られているが正確な数は分かっていない。代表的な同素体は黄リンと赤リンである。黄リン(P_4)は正四面体の分子が集合した分子性結晶で，皮膚を腐食する猛毒である。黄リンは発火点が50℃と低く，空気中で自然発火して十酸化四リン(P_4O_{10})となるので水中に保存する(P_4O_{10}はP_2O_5と書いて五酸化リンということもある)。生物体由来のリンが何らかの条件で黄リンに変化して空気中にでていき発火すると，ヒト玉や火の玉といわれる現象が起こる可能性はある(筆者は実際に見た経験がない，諸君はどうだろう)。赤リンは多数のリン原子が集合した複雑な構造をしているので化学式はPで表す。赤リンは安定(発火点は260℃)で毒性がないので，マッチの材料などとして用いられる。

(b) リン酸

H_3PO_4の化学式で表される物質を**リン酸**あるいはオルトリン酸という。H^+として解離する水素イオンが酸素(オキシジェン，oxygen)原子に結合した酸を**オキソ酸**というので，硫酸，硝酸あるいは炭酸と同じようにリン酸もオキソ酸に分類される。リン酸分子内の3原子の水素は一つずつ段階的に解離し，すべての水素が解離できる。したがってリン酸はモル当たり3モルのH^+を生じ，このような酸を**三塩基酸**という。生物細胞内のpHを一定に保つために重要な物質であるリン酸については5・3・1で詳しく述べる。

(c) 生体中のリン化合物

リンは生体必須元素の一つで，前節でふれたリン酸の誘導体の形で遺伝(DNAやRNAの化学的構成成分)，光合成，代謝，神経を含む情報伝達あるいは筋肉収縮など生物の根幹的機能に深く関与している。ヒトでは乾燥重量当たり1.4%含まれている。人体で含有量が多いのは，はじめに述べたように骨の主成分がリン酸カルシウムであることによる。

生物が生命を維持してゆくにはエネルギーが必要であることはいうまでもないだろう。生体における最も重要なエネルギー源は**アデノシン5'-三リン酸**(adenosine 5'-triphosphate, ATP)である。中性付近のpHで，ATPは図で示すように4価の負イオンとして存在する。ATPと，ATPからγリン酸がとれたADPは下式に示すような平衡関係にある。平衡が右に進みATPが分解されると(水分子が関与する分解反応なので加水分解反応とよばれる)大きなエネルギーが生れる。この化学エネルギーは自由エネルギー(正確にはギブスの自由エネルギー)とよばれ，反応(4-14)～(4-17)で述べた化学反応に伴う熱エネルギーと，反応の結果生じる原子の存在状態変化に伴うエネルギーの両方を考慮した指標である(詳しくは物理化学の教科書を読むといい)。生体では酵素の働きで制御されたATP分解反応による自由エネルギーが，例えば筋肉の収縮や体温の維持などのエネルギーとして使われている。ATPは負の電荷をもつので細胞内では正電荷をもつMg^{2+}，

Mn^{2+} あるいは Ca^{2+} などが結合していると考えられ，生体内で実際に起こる分解反応の機構や解放される自由エネルギーの正確な値を求めることは難しい。

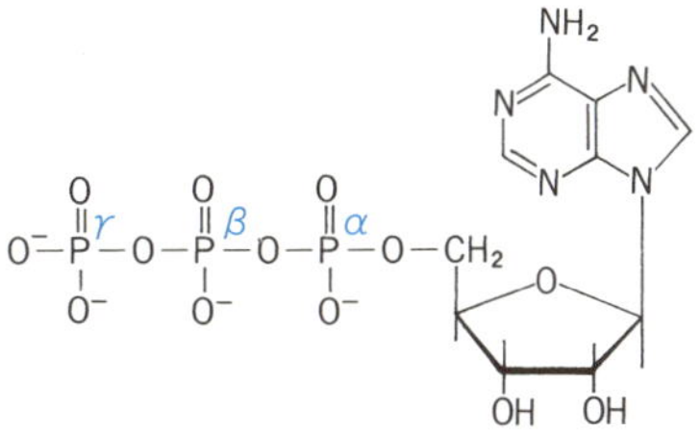

図 4-10 ATP の構造式
(ATP の三つのリン酸は図中に示す α，β，γ の記号で識別する)

$$ATP^{4-} + H_2O \rightleftharpoons ADP^{3-} + H^+ + HPO_4^{2-} \qquad (4\text{-}23)$$

反応 (4-23) を左向きに進めると，エネルギー源である ATP が合成される。この反応を進めるには当然大きな自由エネルギーを反応系に供給してやることが必要で，ヒトの場合には栄養源として摂取したデンプン，脂肪やタンパク質の成分である炭素や水素の酸化反応により供給される。したがって ATP は栄養物がエネルギーとして使われる仲立ちをしているわけで，反応 (4-23) によれば同じ ATP を繰り返し使えることになる。エネルギーを消費するのか，あるいはエネルギー源を合成するのかが，簡単なリン化合物であるリン酸の解離，あるいは結合という化学反応で行われている点に注目してほしい。

リン酸は生体エネルギーのほかにも大切な役割を果たしていることがわかっている。細胞内の機能が秩序正しく，目的に沿って発現されてはじめて生物は生命を維持できる。そのためには細胞内における数多くの化学反応が精妙に制御されなければならない。細胞の中で化学反応を触媒する数多くの酵素がリン酸の結合 (リン酸化) あるいは解離 (脱リン酸化) によってその触媒機能が調節されている。リン酸化反応に使われるのは多くの場合 ATP の末端リン酸で，タンパク質である酵素をリン酸化するために専用の酵素が存在する。脳や神経系における複雑な機能もタンパク質のリン酸化や脱リン酸化で制御されていることが近年明らかにされてきた。

7 章で述べるように遺伝子である DNA や RNA もリン酸を介して結合している高分子化合物であることを考え併せると，リン酸は生物にとってきわめて重要な分子であるといえる。

4・5 6A 族元素(酸素族元素；O, S, Se, Te, Po)

4・5・1 一般的性質

このグループの元素は最外殻電子が s 軌道に 2 個，p 軌道に 4 個配置された構造をもち，生体にとって重要な元素の一つである酸素の化学的性質を考えるとき，この電子配置は大

表 4-6　6A 族元素(酸素族元素)の性質

	O(酸素)	S(硫黄)	Se(セレン)	Te(テルル)	Po(ポロニウム)
原子番号	8	16	34	52	84
原子量	16.0	32.1	80.0	127.6	210.0
天然存在核種の数	3	4	6	8	
最外殻	L	M	N	O	P
最外殻電子	$2s^2 2p^4$	$3s^2 3p^4$	$4s^2 4p^4$	$5s^2 5p^4$	$6s^2 6p^4$
第一イオン化エネルギー (eV)	13.62	10.36	9.75	9.01	
電子親和力 (eV)	1.46	2.08	2.02	1.97	1.9
電気陰性度	3.5	2.5	2.4	2.1	
原子半径 (Å)	1.52	1.80	1.90	2.06	
存在量 (地殻 μg/g)	466.0×10^3	260	0.05	0.01	
(海水 μg/l)	0.88×10^9	0.91×10^6	0.2		
存在状態	空気中 酸化物中	硫化物	混在	混在	混在
単体	気体(O_2, O_3)	固体(同素体有)	金属, 結晶	固体金属	固体金属
外観	無色	黄色	灰黒色	銀灰光沢	銀白光沢
MP (℃)	−218.4	112.8	144(結晶)	449.5	254
BP (℃)	−183.0	444.7	684.9	989.8	962
単体溶解性 (水)	難	不	不	不	
イオン (水溶液) (特色, 条件)	(O^{2-})	—	—	—	
イオン半径 (Å)	1.4				
備考	空気の主成分 生体主成分 O_2^-, O_2^{2-} が生体内に存在	アミノ酸成分	生体微量元素	合金材料	放射性元素

切である。セレン, テルル, ポロニウムの自然界における存在量は非常に少なく, ポロニウムは金属元素に分類される放射性元素である。このグループの元素は酸素とそれ以外の元素で性質が異なる。

この節では酸素, 硫黄について述べ, 次いでセレンについてふれることにする。

4・5・2 酸　素(O)

(a) 化学的性質

酸素は地殻存在量が第一位の元素で, 地殻中ではさまざまな元素が酸素を結合した, 酸化物として存在する。莫大な量の海水に代表される水の成分としても, さらに空気中にも多量に存在する(表 4-4 参照)。表 4-7 に分布を示した。

表4-7 酸素の存在割合

存　在	存在割合(%)
地　殻	46.6(重量)
水　圏	86 (重量)
気　圏	21 (体積)

　原始地球時代には大気中の酸素濃度は非常に低く，ほとんど存在していなかったと考えられている。生物の進化の過程で光合成細菌が登場し，光合成反応 (反応4-18) によりつくり出された酸素が大気中に放出され，大気中の酸素濃度が増した。やがてこの酸素を利用する生物が地球上に栄え，大気圏における酸素濃度が一定のバランスを保つに至った。

　大気中に存在する酸素には，**二酸素** (O_2, 普通に空気中の酸素といえば O_2 を意味する) と**三酸素**である**オゾン** (O_3) の二種類の同素体がある。O_2 に無声放電を作用させたり，空気中で放電したりすると O_3 が生成する。したがって雷によっても O_3 が生成される。強い紫外線も O_2 を O_3 に変化させる。大気上空の成層圏 (20～30 km) では太陽から飛来する強い紫外線によりオゾンが生成し，**オゾン層**と呼ばれる領域を形成している。都合のよいことにオゾン層は太陽光に含まれている，生物にとって有害な波長領域の紫外線のほとんどを吸収する。大気中に**フロンガス**や窒素酸化物である **NOx** (ノックスと呼ばれている) などがあるとオゾンが分解され，オゾン層が破壊され，結果として生物に有害な紫外線が地表まで降り注ぐことになりかねない。この**オゾンホール**が近年問題視されている。フレオン-12 (CCl_2F_2) という商品名で自動車や家庭用などのクーラーの冷媒として過去に大量に生産された安定な化合物であるフロンガスの大部分は空気中に棄てられた。現在ではフロンガスの生産が禁止されている。

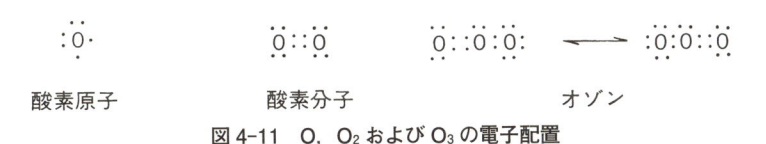

酸素原子　　　　　酸素分子　　　　　　　オゾン

図4-11　O, O_2 および O_3 の電子配置

　酸素はヘリウム，ネオンやアルゴンなどの希ガス以外のすべての元素と化合物をつくれる化学的にきわめて活発な元素である。酸素の電子配置の特色や，生物に関わる代表的酸素化合物の性質について述べることにしよう。

(b)　電子配置と化学的性質

　酸素の8個の電子は図4-12に示す電子配置をしている (どの 2p 軌道に 2 個の電子が配置されるかは任意であり，ここでは $2p_y$ 軌道に 2 個，$2p_x$, $2p_z$ 軌道にそれぞれ 1 個の電子が配置されているとした)。図4-12から明らかなように $2p_x$, $2p_z$ 軌道がさらに 1 個ずつの電子を収容すると希ガス型の安定な電子構造になる。酸素原子はフッ素に次いで電気陰性度が高い，つまり電子を引き付ける性質が強い (1·4·5 参照)。したがってこの場合には

$2p_x$, $2p_z$ 軌道に電子を取り入れる傾向がきわめて強い。この性質が他の元素の電子を受け入れて多彩な化合物をつくる原因となっている。この性質は酸素原子自身がO^{2-}になりやすいことも示している。

$1s^2 \quad 2s^2 \quad p_x^1 \quad p_y^2 \quad p_z^1$

図 4-12 酸素原子の電子配置

図 4-13 で示した酸素 2 原子を接近させてみよう。酸素の電子配置と 4・4・2 (a) で述べたことを合わせると、$2p_x$ 軌道と $2p_z$ 軌道の重なり合いにより二組の結合性軌道を考えることができるだろう。したがって酸素分子は二重結合で結ばれ、そのうち 1 本、例えば $2p_x$ 軌道の重なりは結合軸と一致し、$2p_z$ 軌道の重なりは結合軸に対し直角となる。酸素分子の二重結合も性質の異なる二種類の結合 σ 結合と π 結合をもつことがわかる(図 4-14)。

標準的な条件下における気体の O_2 分子は他の物質に結合したり、他の物質を酸化したりすることはない。ところが生体内のように水に溶け(水に対する溶解性は後述する)、種々の物質が存在すると O_2 分子はさまざまな電子状態をとり得ることが指摘されている。表 4-8 にそれらの分子種を示した。

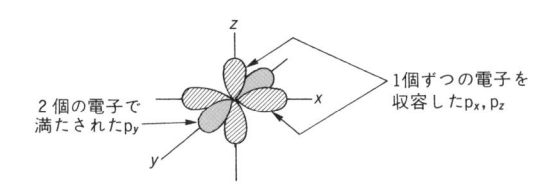

図 4-13 酸素原子の p 軌道

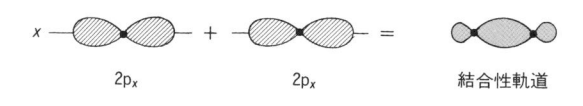

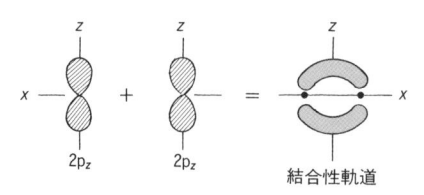

図 4-14 p 軌道の重ね合わせによる O_2 分子の 2 重結合
(斜線部分は 1 個の電子、塗りつぶした部分は 2 個の電子を収容した軌道)

表 4-8　酸素の分子種

化学種	名　　称
O_2^+	ジオキシジェニル陽イオン
O_2	酸　素
O_2^-	スーパーオキシド
O_2^{2-}	パーオキシド

　O_2^- は O_2 に一つ余分の電子がついたもので，このような不対電子をもつ場合一般に**ラジカル**といわれる。**スーパーオキシド**は他の分子に電子を与え安定な O_2 になろうとするか，あるいは電子を取り入れてより安定な O_2^{2-} になろうとする傾向が強い。O_2^- は化学的にきわめて活性な分子であるので，**活性酸素**といわれている。活性酸素は細胞膜の脂質を酸化するなど生物にとって強い毒である。生体にはこの O_2^- を無毒化する機構も備わっている。スーパーオキシドジスムターゼという酵素の作用により O_2^- の不対電子は水素イオンに受け取られ，無毒で安定な O_2 に変化する。この酵素は 2 原子の Cu(Ⅱ) と Zn(Ⅱ) を分子内にもつので金属酵素と呼ばれる。(4-24)で生成した過酸化水素はカタラーゼという Fe(Ⅲ) をもつ金属酵素の作用で O_2 と水に分解される。

$$2O_2^- + 2H^+ \longrightarrow O_2 + H_2O_2 \tag{4-24}$$

$$2H_2O_2 \longrightarrow O_2 + 2H_2O \tag{4-25}$$

　前節でオゾンが生物にとって有害であることにふれた。O_3 は O_2 に比べ不安定なので(4-26)のように分解すると考えられる。生じた原子状の酸素は発生期の酸素とよばれ，電子を取り入れる性質がきわめて強く，直ちにまわりの物質から電子を引き抜く。そこで実際の分解反応を(4-27)のように記述することもある。

$$O_3 \longrightarrow O_2 + O \tag{4-26}$$

$$O_3 + 2H^+ + 2e \longrightarrow O_2 + H_2O \tag{4-27}$$

　オゾンは電子を取り入れる性質が強い，つまり酸化力が強いので生物にとって有害なのである。生鮮食料品を扱う店で青白い光を出す蛍光管を見たことがあるだろう。青白い光は紫外線を含む光で，空気中の O_2 から O_3 が発生し，O_3 の酸化力は殺菌効果の一助となる。

　4・4・2 (d) でふれた自動車の排気ガスに起因する窒素酸化物 NO_2 はオゾン生成の原因ともなる。O_3 が発生したことは反応(4-29)を利用して検出できる。少量のデンプンを反応系に加えておくと，I_2 (ヨウ素分子) 生成により**ヨウ素デンプン反応**が起こり，反応溶液は青色になる。反応(4-29)はオゾン以外の酸化力の強い物質でも生じる。一般に大気汚染を引き起こす物質で，ヨウ化カリウム (KI) 水溶液からヨウ素を遊離させる物質を**オキシダント**とよび，(4-28)のように光(太陽光)が関与する場合には特に**光化学オキシダント**とよばれる。

$$NO_2 \xrightarrow{\text{(太陽光)}} NO + O, \quad O + O_2 \longrightarrow O_3 \tag{4-28}$$

$$2KI + O_3 + H_2O \longrightarrow 2KOH + O_2 + I_2 \tag{4-29}$$

(c) 酸化反応

一般にある物質が酸素と結合する反応を酸化といい、例えば金属の表面が空気中で錆びる反応あるいは(4-14)～(4-17)で示した物質が燃える反応はわれわれの身近で起こっている酸化反応である。一方酸素を失う反応は還元反応とよばれる(よりひろい意味での酸化・還元については6章で詳しく述べる)。反応(4-14)～(4-17)で示した酸化反応に伴い大きな熱エネルギーが放出され、われわれはこのエネルギーを利用していることを述べた。生体内においても同様な酸化反応が生じており、生命維持の重要なエネルギー補給源となっている。

生体内で燃やされる、つまり酸化される物質はわれわれが食物として摂取するデンプン類、脂肪やタンパク質などである。これらの物質は炭素鎖に水素や酸素が結合した物質で、化学的には石油やガソリンと類似した化合物である。例としてデンプンの構成成分であるグルコース(ブドウ糖とも呼ばれる)燃焼反応を示す。

$$C_6H_{12}O_6 + 6O_2 = 6CO_2 + 6H_2O + 2{,}802\,\text{kJ} \qquad (4\text{-}30)$$

この反応は(4-18)を逆向きに書いたものであることに気がついてほしい。グルコースが酸化されると石油などの場合と同じように二酸化炭素と水が生成する。しかし反応(4-30)は生体内では一気に進むのではなく、実際には細胞の中で数多くの段階に分かれて進み、反応に伴うエネルギーは少しずつ反応系から取り出される。この様子を化学式で示すには(4-31)のように表現した方が適当だろう。反応系から得られたエネルギーは直接には使われず、4・4・3(c)で述べたATP合成に使われる。そうして必要に応じてATPが分解され、反応の自由エネルギーが実際に使われることになる。

$$C_6H_{12}O_6 + 6O_2 \rightarrow \rightarrow \rightarrow \rightarrow 6CO_2 + 6H_2O + 2{,}802\,\text{kJ} \qquad (4\text{-}31)$$

反応(4-31)の酸素は細胞の中までどのように運ばれてくるのだろう。肺に吸い込まれた空気中の酸素は血液中に存在する細胞である赤血球中のヘモグロビンというタンパク質に結合する。ヘモグロビンは分子内に鉄錯体であるヘムをもつ金属タンパク質で、酸素はヘムの鉄原子に結合する(6章で鉄錯体、7章で酸素輸送の化学を学ぶ)。ヘモグロビンに乗って組織に運ばれた酸素は必要な場所で降ろされ、(4-31)の反応に使われる。ヘムにある鉄は酸素を結合しても酸化されない(錆びることはない)。酸素を離した赤血球は再び肺に戻り酸素を結合する。表4-9にヒトの呼気の成分を示した。表4-4と比較すると、ヒトの呼気では酸素が減り二酸化炭素が増し、窒素はほとんど変化しないことに注目してほしい(二つの表を比較する場合にはH_2Oの扱いに注意すること)。

表4-9 ヒトの呼気成分

成 分	体積(%)
N_2	74.9
O_2	15.3
CO_2	3.6
H_2O	6.2

(d) 水の構造

酸素の化合物には膨大な種類があり，生物にとって大切な化合物も非常に多い。私たちにとって最も身近な酸素化合物は水であろう。水については2章ですでにふれたが，水の化学構造を含めてやや詳しく述べることにする。ヒトでは体重の約60%を水が占める。体重60 kgのヒトでは36 kgが水で，実に32 kgの酸素が存在することになる（2章の練習問題 5 参照）。

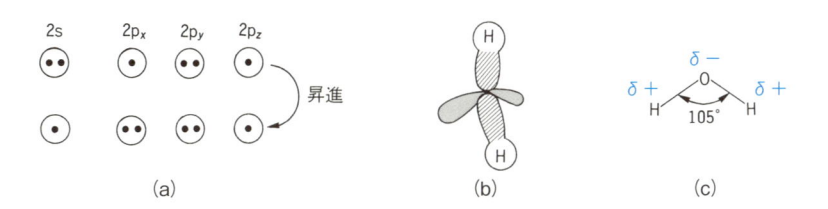

図 4-15 sp^3 混成軌道に基づく水分子の構造
（(b)で塗りつぶした軌道は酸素原子の電子で満たされた混成軌道，斜線で示した軌道は酸素と水素原子の電子で満たされた結合性軌道を示す）

水分子の構造は混成軌道の考え方で合理的に説明できる。4・3・2(a)で炭素原子の混成軌道について説明した。酸素原子についても炭素原子の場合と同じように混成軌道を考えることができる。図4-15(a)に示すように酸素原子の2s電子を1個2p軌道に昇進させ一つの2s軌道と三つの2p軌道を混成するとsp^3混成軌道ができる。sp^3混成軌道は4方向にのびる軌道で，酸素原子の2sと2p軌道には6個の電子が存在したのでsp^3混成軌道の2本に電子が2個ずつ収容される。残りの2本の軌道には1個ずつの電子が収容されているので，この軌道と水素の1s電子の軌道が重なり合い，結合性の軌道が完成する。sp^3混成軌道の成す角は109.5°なので図4-15(c)に示した実測の水分子の結合角105°に近い。結合性の軌道形成に参加した水素の電子は電気陰性度の高い酸素原子に引き付けられる。その結果水素原子はやや正に，酸素原子はやや負に帯電し，水分子内で**分極**が生じることになる。このような分子を**極性分子**と言うが，その様子を図4-15(c)に示した。図4-15(c)中にあるδ（デルタと読む）は微小であることを示す記号して科学分野で用いられる。生命現象を化学的・物理的に考える場合水が極性分子であることが決定的に重要であることを忘れないでほしい。

(e) 水の化学的性質

水の主な物性を表4-10に示した。1気圧のもとで水が0°Cで凍り，100°Cで沸騰することはすでに2章で述べた。物質は固体，液体，気体の三状態をとり，固体では分子間の距離が近く分子同士はお互いに強く束縛されている。液体でも分子間の距離はまだ近く，固体ほど強くはないが，やはり分子間には束縛力が働いている。液体に熱を加えてゆくと分子間の束縛力は次第に弱まり，束縛力が失われると液体表面からはもちろん液体内部からも分子が気体状態となり空気中へ飛び出して行く。この現象が**沸騰**である。水は酸素の水素化物であるという観点から酸素と同じ6A族元素の水素化物の沸点を表4-11で比べる

と，水の沸点は他の物質に比べ際立って高い。

表 4-10　水の性質（1 気圧下）

分子量	18.0
密度(氷)	0.997 gcm^{-3}
最大密度温度	3.98℃
沸　点	100℃
凝固点	0℃
熱容量	4.18 JK^{-1}g^{-1} (1.0 calK^{-1}g^{-1})

表 4-11　6A，7A 族元素の水素化物の沸点 (1 気圧下)

物　質	沸点(℃)
H_2O	100
H_2S	-60.7
H_2Se	-41.3
H_2Te	-4.0
HF	19.5
HCl	-85
HBr	-66.8
HI	-35.4

　これは液体状態で水分子間の束縛力が他の物質に比べ強いことを意味する。水分子は前節で述べたように分極しているので，図 4-16 に示すように水分子間には静電的な引力が働き，分子間の強い束縛力を生む。これは一種の化学結合とみなされ，**水素結合**と名付けられている。水分子，H-O-H の 1 組の共有結合である H-O の結合エネルギー（この場合には H-O 間の結合を断ち切るのに必要なエネルギー）は 460 kJ/mol であるが，水素結合のエネルギーは条件により異なるが 20 ～ 40 kJ/mol である。水素結合はタンパク質や核酸の構造を形成する大切な化学結合力であり，弱い結合力がこれらの生体物質の機能発現に重要な役割を果している。

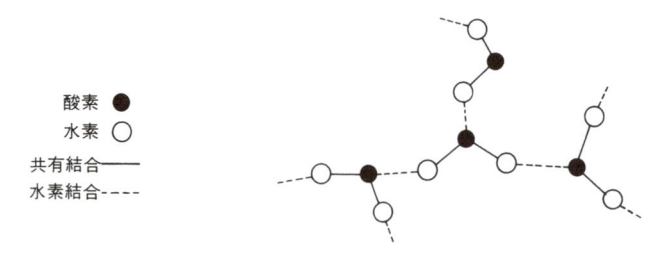

酸素　●
水素　○
共有結合 ——
水素結合 ----

図 4-16　水分子間に働く水素結合

4・5・3　硫　黄(S)

(a)　化学的性質

　火山の噴火口などで見られる黄色い物質は硫黄の単体である。その他にも鉱石中に硫化物として，あるいは原油中に**硫化水素**(H_2S)として多量に含まれている場合もある（カナダのある地方の原油は約 30% の H_2S を含む）。硫黄の同素体は元素中最も多く正確な数は不明である。

　硫黄の最外殻電子配置は $3s^23p^4$ なので，一つの 3p 軌道は 2 個の電子を収容し安定化される。残りの二つの 3p 軌道には 1 個ずつ電子を収容されているので，この軌道と水素の

1s 軌道が重なった H_2S 分子を考えることができる。H–S–H の結合角の実測値は 92° である。硫黄原子の電気陰性度は小さく，水素の電子を強く引き付けないので H_2S 分子はほとんど分極しない。したがって水素結合もできないので沸点は水より低い（表 4-11）。H_2S は室温では無色の気体で，腐卵臭をもち，火山や温泉の匂いの原因物質であり有毒である。気体の H_2S の比重は空気の 1.19 倍で，深い穴の底や窪んだ地形の低部にたまりやすい。噴気口がある山などを歩く際，特に無風状態の場合には注意しなければならない。H_2S は水によく溶け（水 1 l に 25℃で 2.3 l 溶ける），H_2S 水溶液は金属イオンの検出に使われるが詳細は分析化学の教科書を見てほしい。

(b) 硫黄の酸素化物の化学

硫黄を燃やすと**二酸化硫黄**（SO_2）が生じ，SO_2 は酸素と反応し**三酸化硫黄**（SO_3）を生じるが，反応が進むには適当な触媒が必要である。

$$S + O_2 \longrightarrow SO_2 \tag{4-32}$$

$$2SO_2 + O_2 \longrightarrow 2SO_3 \tag{4-33}$$

$$SO_3 + H_2O \longrightarrow H_2SO_4 \tag{4-34}$$

SO_3 は水と激しく反応し，**硫酸**ができる。通常の硫酸は 95% 程度の硫酸を含み（濃硫酸といわれる），密度約 1.84 g/cm^3 の重い粘りけのある不揮発性の液体である。硫酸は工業的に大切な化合物で大量に生産されている。われわれにとって身近な用途は (4-10) で記した自動車のバッテリー液である。反応 (4-10) では 30% の硫酸を用いると述べた。したがって濃硫酸を約 3 倍に薄めて使用するわけだが，硫酸に水を加え希釈すると多量の希釈熱を発生し，場合によっては水溶液が沸騰する危険性もある。したがって希釈した硫酸水溶液が必要な場合には，水に硫酸を少量ずつ注意深く加えなければならない。

濃硫酸はグルコースなどヒドロキシル基 -OH をもつ炭素化合物から，水素原子と酸素原子を水の組成と同じ割合で奪いとる**脱水作用**という性質をもつ。グルコースを単位構造とする高分子である木綿の衣服にバッテリー液が付着すると，水が次第に蒸発し硫酸が濃縮され，やがて脱水反応が起こり繊維が黒化（炭素の色）しボロボロになる。硫酸が付着したときはすぐ水で洗い流すべきである。

$$C_6H_{12}O_6 \longrightarrow 6C + 6H_2O \tag{4-35}$$

(c) 生体内における硫黄化合物

生物の体を構成する主成分であり，またさまざまな生理作用を担うタンパク質はアミノ酸が重合した高分子である。アミノ酸の中で，システインとメチオニンの二種のアミノ酸には硫黄原子が構成成分として含まれている。システインは髪の毛を構成しているタンパク質であるケラチンに特に多く含まれる。ところでタンパク質が生理作用を発現するためには 7 章で詳しく述べるように，この高分子の立体構造が大切である。システインはタンパク質の立体構造の構築に深く関わっている。

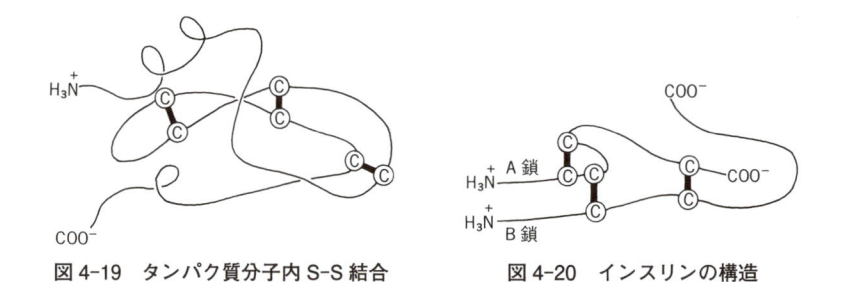

（a）システイン　　　　　（b）メチオニン
図4-17　システイン，メチオニンの化学構造

図4-18　システインによるS-S結合

図4-19　タンパク質分子内S-S結合　　　図4-20　インスリンの構造

（図4-19，4-20でCはシステイン，Ⓒ■ⒸはS-S結合を表す）

　2分子のシステインは条件により空気中の酸素でも酸化され，2分子のシステインが**S-S結合**で連結されシスチン分子となる。タンパク質はアミノ酸が紐のように繋がった物質であるが，生体内では水素結合やその他の化学結合力でこの紐は複雑な立体構造を形成している。複数のシステインが紐の適当な場所に存在すると，システイン間に図4-20に示すようなS-S結合が生じることがある。S-S結合による**架橋構造**は紐の立体構造の維持に大きな役割を果たしている。また2本の異なった紐を架橋し，2本の紐で一つのタンパク質を形成する場合もある。血液中の糖成分濃度，血糖値を調節する**インスリン**というホルモンはこの例である。ヒトインスリンはアミノ酸21分子より成るA鎖と30分子より成るB鎖がS-S結合で繋がれておりインスリンのアミノ酸分子の合計はしたがって51分子である（この程度の数のアミノ酸から成る物質はタンパク質というよりむしろペプチドとよばれる場合が多く，インスリンはペプチドホルモンといわれることが多い）。S-S結合による架橋は天然ゴム（生ゴム）の弾性を増強するためにも利用されている。生ゴムに硫黄を加え（この操作を**加硫**という）加熱すると，ゴム分子間がS-S結合や-S-結合で架橋され3次元網目構造ができ，丈夫なゴム製品が得られる。

4・5・4　セレン(Se)

(a)　化学的性質

　天然には硫黄とともに単体で見いだされることもあるが，多くは銅の硫化物中に金や銀

のセレン化物として混在する。地殻における存在量はわずかで，同素体としては少なくとも6種が存在する。工業的にはセレン光電池や整流素子などに用いられている。

(b) 生物とセレン

過剰のセレン摂取により家畜が急性中毒症状をきたすことは1930年代からすでに知られていた。ところが1957年にラットの肝臓壊死の予防にセレンが必要であることが発見され，1970年代になって中国で地方病性心筋症として知られていた克山病（Kesshan病）や末梢関節や脊椎に強い2次性の変形関節炎がみられるカシン・ベック病の症状がセレンの投与で著しく改善されることが発見され，セレンがヒトをも含む高等動物の必須元素であることが明らかにされた。

表4-12 セレン欠乏による症状例

動 物	症　　状
ラット	肝壊死，心筋障害，発育遅延
トリ	膵萎縮，繊維症，脱毛症
ウシ	白筋症，心筋障害，発育不良
ブタ	食事性肝不全，栄養性筋ジストロフィー，血行不全
サル	肝壊死，心筋・骨格筋の変性，ネフローゼ，脱毛症
ヒト	克山病，カシン・ベック病

克山病患者が多い中国東北部から南西の雲南省にいたる地帯の土壌ではセレンの含有率が極端に低いので，この地方の人々はセレン欠乏をきたすと考えられる。セレンの場合のようにきわめて微量ではあるが生体にとって必須な元素であることが明らかにされたのは元素分析の技術の発展による。化学分析の技術は今後も発展してゆくと予想されるので，新たな生体必須微量元素が発見される可能性がある。

生体内でセレンはタンパク質に結合して存在する場合と，アミノ酸であるシステインおよびメチオニンの硫黄の代わりにセレンが入った（図4-17，(a, b)で示した構造式のSの位置にSeが入る）セレノアミノ酸として存在する，二つの場合がある。表4-13に代表例を示した。表で示したのはいずれも酵素に含まれている例であり，これらの酵素が生物活性を発現するためにはセレンが必要である。その他にもヒトの場合にセレンは心臓血管病，免疫，制ガンなどにも関わっているという意見もある。

表4-13 生体内におけるセレンの存在様式

存在状態	例
セレン	ギ酸デヒドロギナーゼ
セレノシステイン	グルタチオンペルオキシダーゼ（メタン細菌，大腸菌）
セレノメチオニン	チオラーゼ

4・6 7A族元素（ハロゲン元素：F, Cl, Br, I, At）

4・6・1 一般的性質

このグループの元素の最外殻には，s軌道に2個の電子，p軌道に5個の電子が配置されている。したがってp軌道にもう1個の電子を取り込んで1価の陰イオンになろうとする傾向が非常に強い。この傾向は他のグループの元素に比べ電子親和力が際立って大きな値を示すことによく表れている（表4-14参照）。自然界で7A族元素は主に1価の負イオンとして岩石中や海水中に存在する。このグループの元素は**ハロゲン**と呼ばれるが，これは塩をつくるという意味のギリシャ語に由来し，例えば塩素は1価の陽イオンになりやすいナトリウムや2価の陽イオンになりやすいカルシウムあるいはマグネシウムとイオン結合し，塩化ナトリウム，塩化カルシウム，塩化マグネシウムなどの塩をつくる。これら

表4-14　7A族元素（ハロゲン族元素）の性質

	F（フッ素）	Cl（塩素）	Br（臭素）	I（ヨウ素）	At（アスタチン）
原子番号	9	17	35	53	85
原子量	19.0	35.5	79.9	126.9	210.0
天然存在核種の数	1	2	2	1	～20
最外殻	L	M	N	O	P
最外殻電子	$2s^2 2p^5$	$3s^2 3p^5$	$4s^2 4p^5$	$5s^2 5p^5$	$6s^2 6p^5$
第一イオン化エネルギー　（eV）	17.42	12.97	11.81	10.45	
電子親和力　（eV）	3.40	3.62	3.37	3.06	2.8
電気陰性度	4.0	3.0	2.8	2.5	2.2
原子半径　（Å）	1.47	1.75	1.85	1.98	
存在量　　（地殻 μg/g）	625	130	2.5	0.5	
（海水 μg/l）	1.3×10^3	19×10^6	67×10^3	50	0.3×10^{-21}
存在状態	ホタル石（CaF_2）	海水中	海水中	かん水（NaI）	
単体	F_2（気体）	Cl_2（気体）	Br_2（液体）	I_2（結晶）	
外観	淡黄気体	黄緑気体	赤褐液体	黒紫光沢	
mp　（℃）	−219.6	−101.0	−7.2	113.6	302
bp　（℃）	−188.1	−34.0	58.8	184.4	
単体溶解性（水）	激しく反応	難	溶	難	溶
イオン（水溶液）（特色，条件）	（水中でHF）	Cl^-	Br^-	I^-	At^-
イオン半径　（Å）		1.67	1.82	2.06	
備考	猛毒　フッ素樹脂	有毒　塩ビ樹脂　生体内主要イオン	医薬品　消毒剤	医薬品	放射性元素　揮発性

の塩は生物にとっても重要な化合物である。

ハロゲンの単体は共有結合による2原子分子をつくり，また水素とはHX（Xはハロゲン原子を表す）型の化合物をつくる。ハロゲン元素のこれらの性質は塩素を例として示した図4-21の電子配置を考えると理解できるだろう。ハロゲンの水素化物は，常温でフッ化水素は液体，それ以外は気体で空気中で発煙する。ハロゲン化水素はすべて水によく溶け，強い酸性を示すが，酸としての強さはHI＞HBr＞HCl＞HFの順である。酸とはH^+を与える物質であることを考えると，この順に水素イオンを離しやすいことを意味し，これは電気陰性度がI＜Br＜Cl＜Fであることに対応していることに注目しよう。

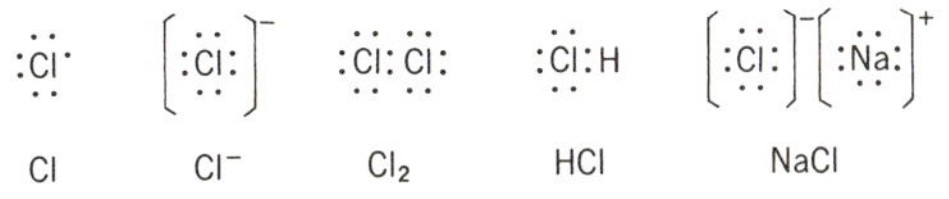

図4-21 塩素，塩化物イオン，塩素分子，塩酸，塩化ナトリウムの電子配置

ハロゲン元素のうち生物に関わりのあるフッ素，塩素，ヨウ素についてやや詳しく述べることにする。

4・6・2 フッ素(F)

(a) 化学的性質

フッ素分子(F_2)は刺激臭のある淡黄色の気体で水と激しく反応し，フッ化水素(HF)を生じる。フッ素は電気陰性度が大きい（元素中最大）のでHF分子は分極し，したがってHF分子間に水素結合ができるので沸点は他のハロゲン化水素に比べ高い（表4-11参照）。フッ化水素の水溶液を**フッ化水素酸**というが，フッ化水素酸はガラスの主成分である二酸化ケイ素(4・3・3参照)と反応しヘキサフルオロケイ酸(H_2SiF_6)を生じ，ガラスを溶かす。この性質を利用してガラスびんのエッチング（侵食模様を付けること）等に用いられている。フッ化水素水はガラス以外の，例えばポリエチレン製の容器などに保存しなければならない。フッ素もフッ化水素も皮膚や粘膜につくと激しい炎症を起こす。

$$2F_2 + 2H_2O \longrightarrow 4HF + O_2 \tag{4-36}$$

$$6HF + SiO_2 \longrightarrow H_2SiF_6 + 2H_2O \tag{4-37}$$

カルシウムとの化合物，**フッ化カルシウム**(CaF_2)は天然に産し蛍石と呼ばれる。良質の結晶は透明度がよいので分光器のプリズムや写真機のレンズとして使用される。フッ素樹脂の1種であるポリテトラフルオロエチレン［$(CF_2\text{-}CF_2)_n$］は**テフロン**という商品名で知られ，耐薬品性にきわめて優れ，熱にも強いので台所用品として，また生物を扱う種々の実験機器や医療器具などに用いられる。

(b) 生体内におけるフッ素

生体には極微量のフッ素が存在するが，フッ素が欠乏するとマウスやラットでは貧血や成長・生殖不全を起こすことが知られている。この事実からフッ素が鉄の吸収に関係する

と指摘されている。フッ素の欠乏は虫歯にも関係しており，歯のエナメル質形成に微量のCaF_2が大切である。また細胞内のさまざまな化学反応を制御するアデニレートシクラーゼという酵素の機能を調節する因子であるという説もある。

フッ素の過剰摂取による症状も知られている。この症状は斑状歯（歯牙フッ素症）といわれ，歯のエナメル質の表面に白濁した斑状の模様が現れ，著しい場合には歯がボロボロに欠けてしまう。化学的には$Ca_{10}(PO_4)6F_2$やCaF_2が原因であるとされている。フッ素を比較的多量に含む（1 ppm 前後）飲料水を長期間にわたり使用するとこの症状が現れる。火山や温泉近くの地域では飲料水中のフッ素含量が高く，数 ppm におよぶ場合があるので注意しなければならない。

4・6・3 塩　　　素（Cl）

(a) 化学的性質

元素としての塩素は岩塩として地殻に，またイオンとして海水中に多量に存在する。単体である**塩素分子**Cl_2は刺激臭のある黄緑色の気体で有毒である。塩素ガスは空気の約 2.5 倍の密度をもち下方にたまる性質を示す。Cl_2は標準状態で水 1 l に 2.5 l と多量に溶け塩素水となる。塩素水では水に溶けた塩素と**塩酸**（HCl），**次亜塩素酸**（HClO）の間で平衡が生じる。次亜塩素酸はさらに酸化力のきわめて強い原子状の酸素を生じるので漂白，殺菌作用をもつ（4・5・2 (b) 参照）。このために塩素は水道水の殺菌に用いられている。$Ca(ClO)_2$の分子式をもつ次亜塩素酸カルシウムはさらし粉の主成分で，水に溶かすと酸化力の強い酸素分子（活性酸素とよばれる）を生じるのでやはり水の殺菌に用いられる。

$$Cl_2 + H_2O \longrightarrow HCl + HClO \tag{4-38}$$

$$HClO \longrightarrow HCl + O \tag{4-39}$$

$$Ca(ClO)_2 \longrightarrow CaCl_2 + O_2 \tag{4-40}$$

塩酸は強酸であり，多くの金属と反応し，水素ガスを生じる。

(b) 生体内における塩素

生体内で塩素はCl^-イオン※として存在し，その量はヒトの場合体重の約 0.16 ％におよぶ。細胞内のCl^-イオンの濃度は約 10 mM と低く，細胞外液，組織液や血漿で約 140 mM と濃度が高い。Cl^-のほかに生体に存在する無機イオンとしてはNa^+，K^+，Ca^{2+}，Mg^{2+}あるいはHPO_4^{2-}や$H_2PO_4^-$などが主なイオン種で，これらのイオンは細胞内外の電気的バランスを保つのに必要であるとともに，7 章で述べるようにさまざまな細胞機能に直接的に関わっている。ところが細胞外に存在するCl^-はむしろ全体的な電気的バランスを保つ機能のみを果たしていると考えられ，生体の個々の機能に積極的には参加していない。ヒトの胃では胃壁からH^+が分泌され，電気的バランスをCl^-が保つ。つまり胃には塩酸が存在し，この酸は胃酸といわれる。胃における塩酸の濃度は約 0.01M なので胃酸の pH は約 2 である。胃酸はタンパク質の消化や，経口的に侵入する微生物の殺菌の役割を担う。

4・6・4 ヨウ素(I)
(a) 化学的性質

ヨウ素の単体(I_2)は常温で固体，液体状態を経ないで気体となる，つまり昇華性を示す物質である。I_2 の結晶を栓付のガラス容器の底に入れておくと，やがて昇華した I_2 が容器上部で再び結晶化するのが見られる。I_2 は水にほとんど溶けないが，ヨウ化カリウム (KI) 水溶液にはよく溶け褐色の水溶液になる。I^- イオンを含むヨウ化カリウム水溶液に反応 (4-38) で示した塩素水を加えるとヨウ素分子が生成し，溶液の色は濃い褐色になる。この反応は塩素がヨウ化物イオンから電子を奪い取るために生じるもので，塩素の電気陰性度がヨウ素より大きいことをよく表す。I_2 が生成したことは，この反応液に1%程度のデンプン水溶液を2滴ほど加えておくと，**ヨウ素デンプン反応**により液の色が青味をおびた褐色となるので確認できる。ヨウ素デンプン反応は大変鋭敏なので I_2 の検出に威力を発揮する。

$$I_2 + KI \longrightarrow K^+ + I_3^- \tag{4-41}$$

$$2I^- + Cl_2 \longrightarrow I_2 + 2Cl^- \tag{4-42}$$

(b) 生体内におけるヨウ素

ヒトではヨウ素が欠乏すると，甲状腺腫や甲状腺機能低下などの症状をきたすことが知られている。甲状腺はヒトの咽喉から気管にかけて両側に1葉ずつ対称的に存在する 25 g ほどの組織で，甲状腺ホルモンを分泌している。甲状腺ホルモンは成長や基礎代謝の調節に関わっており，化学的にはいずれもヨウ素を含む**チロキシン**と**ヨードチロニン**という物質で，参考のために化学構造を示す。ヒトの場合甲状腺に存在するヨウ素の量は約 10 mg で，これは全存在量の 1/5 に当たる。

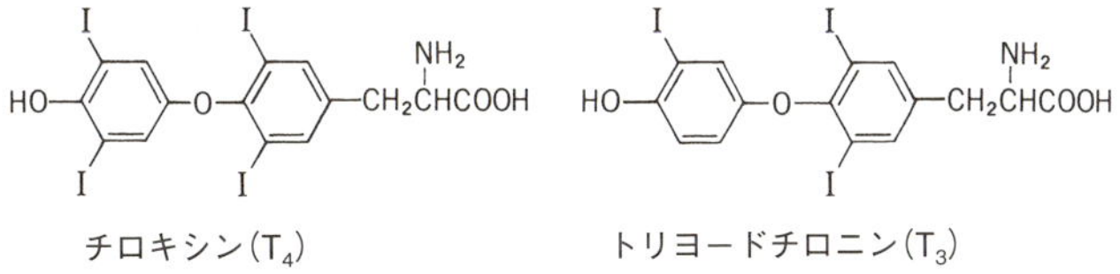

チロキシン(T_4)　　　　　トリヨードチロニン(T_3)

図 4-22　甲状腺ホルモンの化学構造

ヨウ素の過剰摂取は甲状腺ホルモンの過剰な産生の原因となり，甲状腺機能亢進症を招き，基礎代謝の亢進による体温上昇，頻脈，心拍数亢進などの症状を示す，**バセドウ病** (Basedow 病) もこの1種である。ヨウ素はコンブやワカメなどの海藻類に多く含まれるので，山間地方では欠乏しやすく，海岸地方では過剰摂取になりやすい。

※ Cl^- イオンの日本語として塩素イオンと記すのは誤りで，正しくは塩化物イオンと記さねばならない点に注意すること。

◆ **練習問題** ◆

1. 化学反応式(4-14)～(4-17)を参考にしてブタンガス(C_4H_{10})燃焼の化学反応式を記せ。
2. 自動車のバッテリー液は30％硫酸(比重1.2)と本文中にある。このバッテリー液の硫酸のモル濃度を求めよ。
3. アルミニウムは金属元素として地殻存在量が第一位である。地殻に存在するアルミニウムがすべてAl_2O_3だと仮定し，地殻1トン中に含まれるAl_2O_3の質量を求めよ。
4. 表4-9にヒトの呼気成分が体積比で示されている。これらの成分のモル比，質量比を示せ。
5. 塩酸，硫酸，炭酸水溶液が水酸化ナトリウム水溶液で中和される化学反応式を示せ。
6. ダイヤモンドはsp^3混成軌道をもつ炭素原子が結合して結晶構造を形成している。一方黒鉛はsp^2混成軌道をもつ炭素が結合して形成されている。ダイヤモンドは電気を導かないが黒鉛は電気の良導体である。その理由を考えてみよ。
7. アセチレン($HC \equiv CH$)の炭素はsp混成軌道をとっている。アセチレンの三重結合の中身(σ，π結合)を検討せよ。
8. エチレン($H_2C = CH_2$)の分子構造は炭素のsp^2混成軌道で説明できる。図4-3を参考にしてエチレンの分子構造を描き，二重結合の性質を考えよ。
9. メタン分子の4原子の水素はハロゲン元素で順次置き換えてゆくことができる(置換反応という)。メタンに塩素分子，ヨウ素分子を反応させた場合の化学反応式を記せ。
10. 塩化水素分子は図4-26で示されるように共有結合で結び付いていると考えてきた。塩化水素は常温で気体，水によく溶け塩酸となる。水溶液中では塩化水素分子としては存在せず，すべてが水素イオンと塩化物イオンの状態で存在する。水に溶けるとなぜ塩化水素はすべてイオンに解離するのか理由を考えよ。

5章 電解質（Electrolyte）（水，弱酸の取り扱い）

5・1 水，イオン

2章の2・2・3で述べたようにヒトでは体重の約60％が水であり，その水の約60％が細胞内液として，約40％が細胞外液として存在する。細胞内液や外液にはさまざまな無機物質がイオンとして溶けており，これらの物質が生命現象に深く関わっている。5章では水に溶けイオンを生成する電解質の基本について概説し，溶媒である水の性質，ついで生体内でpH緩衝作用など重要な役割を担う無機イオンである弱酸の取り扱いについてやや詳しく述べる。

この章では電解質について定量的な性質が数式を用いて記述されている。数式を眺めているだけでは理解が深まらないので，数式を自分の手で紙に写しとってみよう。登場している数式は平易であることに気がつくだろうし，練習問題も難しいものではないことが分かるだろう。

5・1・1 電解質

食塩は水によく溶け $NaCl \rightarrow Na^+ + Cl^-$ にしたがって電離し Na^+ や Cl^- イオンが生成する。水に溶けイオンを生成する物質を**電解質**という。

> 電離という現象が広く認められたのはそれほど古いことではない。ファラデイ（Faraday, 1791-1867）は電場中で酸，塩基や塩がイオンとして存在することを提案していた。1887年にアーレニウス（Arrhenius, 1859-1927）は電場をかけてもかけなくても食塩溶液がイオンに電離しているという電離説を提案し，広く受入れられた。

電解質溶液の詳細な性質は電気伝導度の測定により調べられた。電解質溶液には電荷をもつ陽イオンと陰イオンが存在しているので，この溶液に電場をかけるとイオンの移動が生じる，つまり電気が流れることになる。ある電気回路にVボルトの電圧をかけ，その時流れる電流がIアンペアであれば，その回路の電気抵抗RはR=V/Iで表されるというオームの法則を思いだそう。V一定の場合R値が大きいほどI値は小さくなる，つまり

電流が流れにくくなることが分かる。電気抵抗はΩ（オームと読む）単位で表すのが慣わしである。電気抵抗値の逆数Ω^{-1}はその回路の電気の流れやすさの指標になり，この値を電気伝導度とする。溶液の抵抗はホイートストーンブリッジと呼ばれる電気回路と溶液を満たした容器（この様な容器はセルと呼ばれる）を組み合わせることにより容易に精密な測定ができる。ただし電気伝導度は温度に鋭敏に依存する性質であることには注意を払わねばならない。

5・1・2 モル電気伝導度，Λ_0

抵抗の逆数で表される電気伝導度をΛ（ラムダと読む）という記号で表すことにする。濃度既知の試料を図5-1に示した測定セルに入れ，その電気抵抗を測定する。得られた結果を濃度が1 M，電極板の面積を1 cm^2，極板間距離1 cmに換算するとΩ^{-1}cm^{2}M^{-1}の単位をもつΛが計算できる。

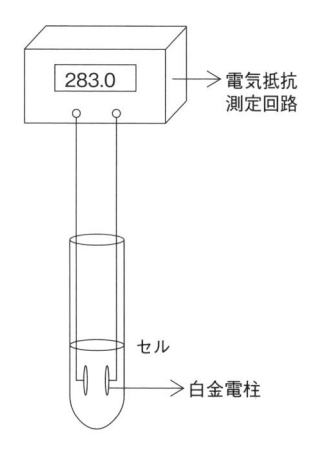

図5-1 電気伝導度の測定
　一対の白金電極（約1 cm^2）を1 cm位離して電解質溶液に浸す。この電極に1 kHz程度の交流電圧を掛けて溶液の抵抗（インピーダンス）を測定する（直流ではイオンが電極付近にたまって―これを濃度分極という―溶液の正確な抵抗値を示さない）。抵抗は長さに比例し，断面積に反比例するので，電極間の長さ1 cm，断面積1 cm^{2}に換算した比抵抗（単位：オーム・cm）で記載し，相互に比較しやすいようにする。

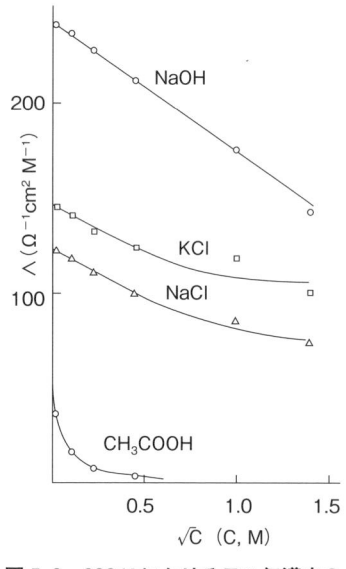

図5-2　298 Kにおけるモル伝導度の濃度依存性

図5-2にいくつかの物質で得られた電気伝導度の濃度依存性を示す。図では測定濃度の平方根に対してプロットしてある点に注意してほしい。**NaOH**，**NaCl**，や**KCL**等では低濃度領域から0.2 M近辺まで直線的な変化を示す。直線がやや負の勾配をもち，また濃度が高い領域では直線からずれてくるのは濃度が高いとイオン間にそれぞれ固有の相互作用が働くためである。イオン間の相互作用が極限的に小さくなるのは濃度が極限的に希薄な場合であるから，図の直線を濃度0に外挿して得られる値をその物質固有のΛと考え，この値を**極限モル電気伝導度**と呼び，記号Λ_0で表す。濃度を平方根で目盛る理由を説明す

るのは難しいが，実験結果が直線性を示すのでこのようなプロットが用いられる。電解質溶液の性質の理論的記述には濃度の平方根がよく用いられる。

一方酢酸に注目すると，NaCl等の場合とは明らかに異なる挙動を示し，濃度0に外挿してΛ_0を求めるのは困難であることが図よりみてとれる。食塩や酢酸の電離式は下記のように表されるが，1M程度の濃度で食塩の場合にはほとんどすべてのNaClが電離するが，酢酸の場合には一部の分子しか電離しないことが両者の間のΛ−濃度関係で見られた差異の原因であると考えられた。

$$NaCl \longrightarrow Na^+ + Cl^- \tag{5-1}$$
$$CH_3COOH \rightleftarrows H^+ + CH_3COO^- \tag{5-2}$$

Λ−濃度関係が食塩のようにある濃度領域で直線性を示す電解質は**強電解質**，酢酸のような振る舞いをする物質を**弱電解質**と定義する。

5・1・3 イオン独立移動の法則

表5-1にいくつかの強電解質のΛ_0を示した。表中の$\Delta\Lambda_0$の値はそれぞれ同じ列に記した1行目の物質と2行目の物質のΛ_0値の差である。

表5-1 いくつかの物質のΛ_0（単位は$\Omega^{-1}cm^2M^{-1}$，温度は298K）

NaCl	126.5	NaNO$_3$	122.9	NaBr	111.1	LiCl	115.0	KCl	150.0	HCl	426.2
KCl	150.0	KNO$_3$	145.0	KBr	132.3	LiNO$_3$	110.1	KNO$_3$	145.0	HNO$_3$	421.3
$\Delta\Lambda_0$	23.5		22.1		21.2		4.9		5.0		4.9

対を成すイオンの種類とは無関係にNa$^+$とK$^+$あるいはCl$^-$とNO$_3^-$の相違によるΛ_0の差はほぼ等しくなる。この結果をコールラウシュ（R.H.A.Kohlrausch, 1840-1910）は食塩のΛ_0^{NaCl}は(5-3)に示すようにNa$^+$とCl$^-$がそれぞれ独立に担う電気伝導度の和であることを示すと解釈した。λ_0（λはΛの小文字）はそれぞれのイオンの極限モル電気伝導度を表す。この解釈を**イオン独立移動法則**と呼んでいる。

$$\Lambda_0^{NaCl} = \lambda_0^{Na^+} + \lambda_0^{Cl^-} \tag{5-3}$$
$$\Lambda_0^{KCl} = \lambda_0^{K^+} + \lambda_0^{Cl^-} \tag{5-4}$$
$$\Delta\Lambda_0 = \lambda_0^{Na^+} - \lambda_0^{K^+} \tag{5-5}$$

(5-5)式は陰イオンとの組み合わせの種類によらず，陽イオンがNa$^+$とK$^+$を生じる電解質の$\Delta\Lambda_0$がほぼ等しくなることをうまく説明する。

酢酸（CH$_3$COOH）をHAcと略記して酢酸のΛ_0をイオン独立移動法則を適用して計算してみよう。

$\Lambda_0^{HAc} = \Lambda_0^{NaAc} + \Lambda_0^{HCl} - \Lambda_0^{NaCl}$ と書き，

それぞれのΛ_0をλ_0で書き表すと

$\Lambda_0^{HAc} = \lambda_0^{Na^+} + \lambda_0^{Ac^-} + \lambda_0^{H^+} + \lambda_0^{Cl^-} - \lambda_0^{Na^+} - \lambda_0^{Cl^-} = \lambda_0^{Ac^-} + \lambda_0^{H^+}$

となる。

$\Lambda_{0CH_3COONa} = 91.0$, $\Lambda_{0HCl} = 426.2$, $\Lambda_{0NaCl} = 126.5$ の実験値を用いると $\Lambda_{0\ CH_3COOH} = 390.7$ が得られる。

イオン独立移動法則に基づき，さらにイオンの電場での振舞いが詳細に検討され種々のイオンそれぞれの λ_0 が調べられ，表5-2に示した結果が得られている。

表5-2 イオンの極限モル伝導度($\Omega^{-1}cm^2 M^{-1}$, 温度は298 K)

陽イオン	λ_0 ($\Omega^{-1}cm^2 M^{-1}$)	陰イオン	λ_0 ($\Omega^{-1}cm^2 M^{-1}$)
K^+	73.5	Cl^-	76.3
Na^+	50.1	Br^-	78.4
Li^+	38.7	I^-	76.8
NH_4^+	73.4	HCO_3^-	44.5
Ca^{2+}	119.0	CH_3COO^-	40.9
Mg^{2+}	106.1	$H_2PO_4^-$	44.5
Cu^{2+}	107.2	HPO_4^{2-}	72.0
H^+	349.8	OH^-	198

H^+ と OH^- の λ_0 値が大きいのは溶媒である水と水素結合している結果，他のイオンとは異なる機構で電気伝導しているからである。表5-2よりさまざまな電解質の Λ_0 が計算できる。例えば酢酸については前記のようなめんどうな計算をしなくとも表中の CH_3COO^- と H^+ の λ_0 値の和を求めればよい。

5・1・4 電離度，α

電解質ABの電離を $AB \rightleftarrows A^+ + B^-$ と書き，各物質のモル濃度を［ ］で囲んで表すと約束して，[AB]=c M，電離する割合をαとすると，

[A^+]=[B^-]=cα と書ける。c=1 M の場合を考えると，

$\Lambda_{AB} = \alpha\,\lambda_{0\,A^+} + \alpha\,\lambda_{0B^-} = \alpha(\lambda_{0A^+} + \lambda_{0B^-})$ また $\Lambda_{0AB} = \lambda_{0A^+} + \lambda_{0B^-}$

だから $\alpha = \dfrac{\Lambda_{AB}}{\Lambda_{0AB}}$ となり，一般的には $\alpha = \dfrac{\Lambda}{\Lambda_0}$ (5-6) と表される。アーレニウスの定義にしたがいαを電離度と呼ぶ。図5-2より明らかなように比較的希薄な濃度でαの値が1に近い物質は強電解質，α≪1の物質は弱電解質であるといえる。

5・1・5 水の場合を考える

水分子の化学的，物理的特色については4・5・2の(d)(e)で述べたが，ここでは物質としての水の性質について電気伝導度を取り入れて考えてみよう。できる限り精製した超純水では $\Lambda_{H_2O}=0.995\times10^{-6}$ $\Omega^{-1}cm^2mol^{-1}$ であることが知られている。水分子がわずかではあるが $H_2O \rightleftarrows H^+ + OH^-$ (5-7) にしたがい電離していることを示す。一方

$\Lambda_{0H_2O} = \lambda_{0H^+} + \lambda_{0OH^-} = 547.8$ であるから水の電離度は $\alpha = \dfrac{\Lambda_{H_2O}}{\Lambda_{0H_2O}} = 1.82 \times 10^{-9}$ と計算できる。表 4-10 で示したように水の分子量は 18.0, 25℃ で密度 d=0.997g/cm³ だから 1 l の重さは 997 g で、水の H_2O の濃度は $\dfrac{997}{18.0} = 55.4$ M となり,

$[H^+]=[OH^-]=c\alpha=55.4 \times 1.82 \times 10^{-9}=1.008 \times 10^{-7}$ となり、$[H^+]$ と $[OH^-]$ を計算できる。

上に記した数値を用いると水の電離定数は $K=\dfrac{[H^+][OH^-]}{[H_2O]}=1.83 \times 10^{-16}$ M となる※。ここで $[H_2O]$ を定数と見なすと $K[H_2O]=[H^+][OH^-]=K_w=1.016 \times 10^{-14}$ (5-8) となり K_w を水の**イオン積**という。溶媒が水である限りどのような溶質が存在してもこのイオン積の値は変わらない。

25℃ の水では $[H^+]=1.0 \times 10^{-7}$ M であった（この値は実験値であることに注意してほしい）。ここで pH=$-\log[H^+]$ (5-9) (hydrogen exponent, **水素イオン濃度指数**) を定義すると pH=$-\log(1.0 \times 10^{-7})=7.0$ となる。pH は水の中の $[H^+]$ 濃度のように極めて小さな数値を取り扱うのに便利な指数である。pH が 1 異なると $[H^+]$ 濃度は 10 倍違う点に注意しなければならない。同様に $-\log[Ca^{2+}]=$pCa (5-10), $-\log[Mg^{2+}]=$pMg (5-11) 等の表現も生物関係の記述ではよく用いられる。

5・1・6 弱酸（弱電解質である酸）の取り扱い

前述したように純水の pH は 7.0 で、この pH を示す場合に中性であるといい、pH が 7 以下の場合には酸性、7 以上の場合には塩基性（アルカリ性）であるという。したがって酸性と塩基性の区別は $[H^+]$ 濃度が 1×10^{-7} M を境とし、その多寡により決まる。0.1 M である塩酸と酢酸の水溶液を考えてみると、電離度 α が 1 に近い HCl では電離した H^+ の濃度がほぼ 0.1 M なので pH は 1 であるのに対し、酢酸では α が 0.013 なので電離する H^+ の濃度が 1.3×10^{-3} M となり pH は約 3 である。塩酸と酢酸を比べると酸性の原因となる H^+ の生成能力は 100 倍差があり、塩酸のような酸を**強酸**、酢酸のような酸を**弱酸**という。

いま HA なる弱酸を考えてみる。この酸は HA $\rightleftarrows$ $H^+ + A^-$ と電離し、その電離定数 K は $K=\dfrac{[H^+][A^-]}{[HA]}$ と示される。$K=1.0 \times 10^{-5}$ M である弱酸について考えてみる。いま HA の初濃度を cM として、$[H^+]=[A^-]=x$M とおくと $K=\dfrac{x^2}{c-x}$ だから $x^2+Kx-Kc=0$ となりこの 2 次方程式を解けば x を求めることができる。あるいは $c \gg x$ と仮定すると $K=\dfrac{x^2}{c}$ ∴ $x=\sqrt{kc}$ となり $c=0.100$ M の場合には $x=\sqrt{kc}=1 \times 10^{-3}$ M（確かに $c \gg x$）で $[H^+]=1 \times 10^{-3}$ M、つまり pH=3.0 となる。

※ 水の電離は (5-7) 式で $H_2O \rightleftarrows H^+ + OH^-$ と書き表したが、2・2・2 で述べたように、$2H_2O \rightleftarrows H_3O^+ + OH^-$ と H_3O^+ イオンを用いて表わすほうが正確である。ただし H_3O^+ イオンを用いると取り扱いが複雑になるので電離に関する性質については (5-7) 式のように表すのが一般的である。

> **対数計算**
>
> 指数で表された数値は**対数**を用いて扱うと便利である．対数の定義と**常用対数**に関する公式と計算方法を以下に記しておく．先ず常用対数に関する公式に目をとおし，計算例を実践してほしい．その後，対数の定義を読み直してほしい．
>
> 対数の定義；ある正の実数 $a\,(a \neq 1)$ をとると，任意の正の実数 x に対して $x=a^n$ を満たす実数 n が唯一定まる．この n を $n = \log_a x$ と書き，n を a を底とする x の対数という．この時 x を真数という．
>
> 常用対数；底（上記 a）を 10 とする対数のことで，したがって $x=10^n$ を $n=\log_{10} x$ と書き表す．底の 10 は省略して $n = \log x$ と書き表される場合が多い．
>
> 対数計算に必要ないくつかの公式を以下に記す；
>
> $\log 1 = 0$, $\quad \log 10 = \log 10^1 = 1$, $\quad \log 10^n = n$
>
> $\log(x \times y) = \log x + \log y$, $\quad \log x^n = n \log x$, $\quad \log(x \times 10^n) = \log x + \log 10^n = n + \log x$
>
> $\log \dfrac{1}{x} = \log 1 - \log x = 0 - \log x = -\log x$, $\quad \log \dfrac{y}{x} = \log y - \log x$, $\quad \log \sqrt{x} = \log x^{\frac{1}{2}} = \dfrac{1}{2} \log x$
>
> 10^6 の対数は；$\log 10^6 = 6$, $\;10^{-6}$ の対数は；$\log 10^{-6} = -6$
>
> 6.02×10^{23} の対数は；$\log(6.02 \times 10^{23}) = \log 6.02 + \log 10^{23} = 0.78 + 23 = 23.780$
>
> 1.75×10^{-5} の対数は；$\log(1.75 \times 10^{-5}) = \log 1.75 + (\log 10^{-5}) = 0.243 + (-5) = -4.76$
>
> 1.0×10^{-7} の負の対数は；$-\log(1 \times 10^{-7}) = -[\log(1 \times 10^{-7})] = -[0 + (-7)] = 7$
>
> 1.75×10^{-5} の負の対数は；$-\log(1.75 \times 10^{-5}) = 4.76$
>
> 物理や化学では上に述べた 10 を底とする常用対数の他に，ネイピア数 e を底とする自然対数も用いられるが，演算に関する方法は同じである．自然対数は $\log_e x$ を $\ln x$ と書く場合が多く，常用対数に換算するには $\ln x = 2.303 \log x$ である．

小さな K をもつ弱酸について，pH を定義した場合と同じように K の負の対数を pK と表すとこの弱酸については p*K*＝－log*K*＝5 と書け，扱いやすい数値になる．pK 値が大きい酸はより弱酸である等，酸の性質を表す便利な指標となる．pK は酸（acid）の電離定数の指数的表現であることを強調するため p*K*$_a$ と表す場合もある．pK を用いて一般的化すると $\quad K = \dfrac{[H^+][A^-]}{[HA]}$, $\quad \therefore \;[H^+] = K \dfrac{[HA]}{[A^-]}\quad$ 両辺の負の対数をとると，

$-\log[H^+] = -\log K - \log \dfrac{[HA]}{[A^-]} \quad \therefore \; pH = pK + \log \dfrac{[A^-]}{[HA]} \quad$ 前述した pK_a を用いると

pH＝p*K*$_a$＋log $\dfrac{[A^-]}{[HA]}$　　(5-12) となり，この式を **Henderson-Hasselbalch** の式という．

表 5-3 弱酸の電離定数 (298 K)

酸	K_1	K_2	K_3
安息香酸	6.29×10^{-5}		
アンモニウムイオン	5.69×10^{-10}		
蟻酸	1.77×10^{-4}		
酢酸	1.75×10^{-5}		
フェノール	1.20×10^{-10}		
酪酸	1.51×10^{-5}		
グリセリン-2-リン酸	4.63×10^{-2}	2.24×10^{-7}	
シュウ酸	5.02×10^{-2}	5.18×10^{-5}	
炭酸	4.45×10^{-7}	4.67×10^{-11}	
マロン酸	1.40×10^{-3}	8.0×10^{-7}	
グリシン	4.47×10^{-3}	1.66×10^{-10}	
クエン酸	8.7×10^{-4}	1.8×10^{-5}	4.0×10^{-6}
リン酸	7.52×10^{-3}	6.23×10^{-8}	4.8×10^{-13}

5・2 弱酸に塩基を加える(中和反応)

5・2・1 中和反応

強電解質である塩酸や水酸化ナトリウムは水の中で HCl → H^+ + Cl^- あるいは NaOH → Na^+ + OH^- のようにほぼ完全に電離している。この両者を混合すると H^+ と OH^- が反応し,水が生じ,Na^+ と Cl^- はそのまま水の中に残る。反応をまとめると HCl + NaOH → H_2O + Na^+ + Cl^- と書ける。酸の H^+ と塩基の OH^- が結合して水が生じることを**中和反応**という。反応溶液から水を完全に取り除くと NaCl が生成することになる。塩基の陽イオンと酸の陰イオンが結合してできる化合物を**塩**という。

5・2・2 弱酸の中和反応

弱酸に水酸化ナトリウムを少量ずつ加えてゆく場合を考える。HA なる弱酸を考えると HA ⇌ H^+ + A^- にしたがいわずかに電離していた H^+ と加えられた NaOH 由来の OH^- が中和反応を起こし水が生じる。さらに NaOH を加えると新たに HA から電離してきた H^+ が中和反応を起こす。このような反応が繰り返され,結局すべての HA 分子の H^+ が中和され反応が完結する。この中和反応に伴う,溶液の pH 変化を計算してみよう。NaOH を加える直前までは HA ⇌ H^+ + A^- の電離はわずかであるが NaOH を加えてゆくと,その量に応じて電離が進むから $[A^-] = [NaOH]_{added}$ で表される。また電離に伴い酸である HA 量は減少してゆき,酸の量は $[HA] = [HA]_{total} - [A^-]$ と書ける。中和反応した酸の割合 f は酸の濃度を c,体積を v,加えた NaOH の濃度を c',体積を v' とすると次のように書き表すことができる。

$\dfrac{\text{加えた塩基の全モル数}}{\text{初期の酸の全モル数}} = \dfrac{c'v'}{cv} = f$　f は反応した酸の割合だから，$1-f$ は残っている酸の割合を表すことになる。したがって電離した酸の濃度［A^-］および残っている酸の濃度［HA］は［A^-］$= \dfrac{fcv}{v+v'} = (\dfrac{v}{v+v'})cf$　　［HA］$= \dfrac{v}{v+v'}(1-f)c$ と書ける。［A^-］と［HA］を(5-12)に入れると pH=pK_a+log$\dfrac{[A^-]}{[HA]}$=pK_a+log$\dfrac{f}{1-f}$ (5-13)　となり，加えた NaOH 量に依存して決まる溶液の pH が簡単に計算できる。

　例として濃度 0.100 M の酢酸（K=1.75×10^{-5} M）25.0 ml に 0.100 M の NaOH を加えた場合の pH を表5-4に示し，図5-3に変化の様子をグラフ化した。

　表5-4や図5-3で重要なことは，最初 NaOH を 2 ml 加えた時の pH 変化が約 0.82 に比べて，10 ml 加えた後に 2.5 ml 加えたときには変化が 0.18 と小さな点である。図でみると酸の量のちょうど半分の塩基を加えた近辺の pH 変化がゆるやかであることがみてとれ，この現象を **pH緩衝作用** という。(5-12)式を考えると，酸の量のちょうど半分の塩基を加えた点では pH=pK_a の関係がある（図5-3の中に破線で示した）。つまり弱酸とその共役する塩基，いまの例では酢酸と酢酸イオンが等量存在する時，酸の pK_a 値に相当する近辺の pH 領域で緩衝作用が強く働いていることが分かる。

表5-4　中和反応に伴う pH 変化

V(ml)	f	log$\dfrac{f}{1-f}$	pH
0	0		2.88
1.0	0.04	−1.38	3.38
2.0	0.08	−1.06	3.70
4.0	0.16	−0.72	4.04
5.0	0.2	−0.60	4.16
10.0	0.4	−0.176	4.58
12.5	0.5	0	4.76
15.0	0.6	0.176	4.93
20.0	0.8	0.602	5.36
24.0	0.96	1.38	6.14
25.0	1		8.73
25.1			10.3

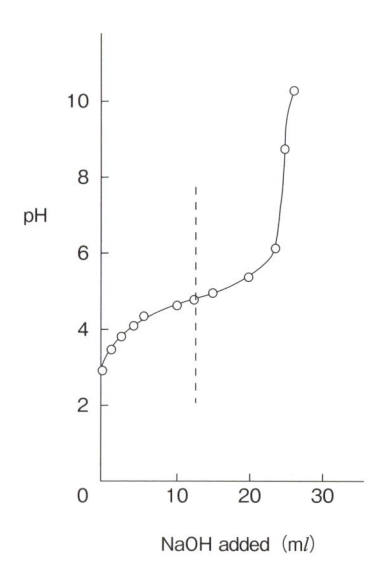

図5-3　中和反応に伴う pH 変化

　表5-4の V=25.0 ml 時点での pH 計算には別の考慮が必要になる。この点で
　$CH_3COO^- + H_2O \rightleftarrows CH_3COOH + OH^-$ なる **加水分解反応** が生じる。ここで酢酸を **HA** という一般的な弱酸として記述すると，
　　$A^- + H_2O \rightleftarrows HA + OH^-$ となり

$$K = \frac{[\text{HA}][\text{OH}^-]}{[\text{A}^-][\text{H}_2\text{O}]}\ \text{と記述できるから}$$

$$K[\text{H}_2\text{O}] = \frac{[\text{HA}][\text{OH}^-]}{[\text{A}^-]} = K_\text{h} \quad (5\text{-}14)$$

この K_h は**加水分解定数**と呼ばれる。ここで $\dfrac{K_w}{K_a}$ を考えると

$$\frac{K_w}{K_a} = \frac{[\text{H}^+][\text{OH}^-]}{\dfrac{[\text{A}^-][\text{H}^+]}{[\text{HA}]}} = \frac{[\text{OH}^-][\text{HA}]}{[\text{A}^-]} = K_\text{h}\ \text{となり,酢酸の}\ K_a\ \text{を用いて}\ K_\text{h}\ \text{を計算すると}$$

$K_\text{h} = 5.71 \times 10^{-10}$ M となる。式(5-14)から $K_\text{h} = \dfrac{x^2}{0.05 - x}$ にしたがい x すなわち [OH$^-$] が求められる。この式の分母の 0.05 は [A$^-$] 濃度で,この時点で最初の体積の 2 倍になっているので,初期濃度 0.1 M の二分の一になっているからである。$x \ll 0.05$ と仮定すると $x = 5.34 \times 10^{-6}$ となり pOH = 5.27,つまり pH = 8.73 となる。

5・3 生体内における重要な pH 酸緩衝作用

5・3・1 リン酸系

4章の 4・4・3 で述べたようにリン酸は三塩基酸であり分子内の 3 原子の水素は (5-15) ~ (5-17) 式で示すようにすべて電離する。したがってリン酸の中和滴定に伴う pH 変化は図 5-4 のようになる。

$$\text{H}_3\text{PO}_4 \rightleftarrows \text{H}^+ + \text{H}_2\text{PO}_4^- \qquad pK_a = 2.12 \qquad (5\text{-}15)$$

$$\text{H}_2\text{PO}_4^- \rightleftarrows \text{H}^+ + \text{HPO}_4^{2-} \qquad pK_a = 7.21 \qquad (5\text{-}16)$$

$$\text{HPO}_4^{2-} \rightleftarrows \text{H}^+ + \text{PO}_4^{3-} \qquad pK_a = 12.3 \qquad (5\text{-}17)$$

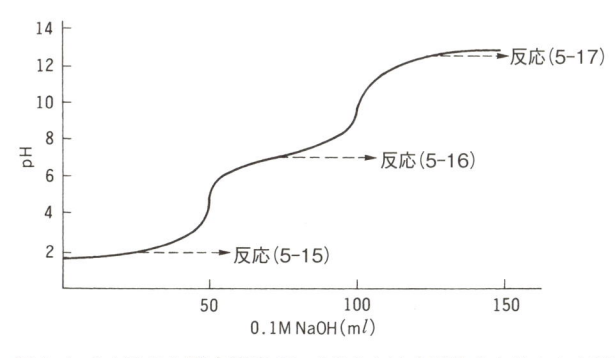

図 5-4 0.1 M リン酸水溶液 50 ml の 0.1 M 水酸化ナトリウム水溶液による測定

ヒトの細胞内には H_2PO_4^- イオンと HPO_4^{2-} イオンが合計で約 50 mM の濃度で存在し,したがって細胞内では (5-16) の電離平衡が成り立っている。ある細胞内の H_2PO_4^- イオンと HPO_4^{2-} イオン濃度が等しいとするとこの細胞内の pH は (5-12) 式を用い

$$\mathrm{pH} = \mathrm{p}K_a + \log\frac{[\mathrm{HPO_4^{2-}}]}{[\mathrm{H_2PO_4^-}]} = 7.21 \text{ と計算でき,}$$

pH=7 付近で緩衝作用が働き，細胞内の pH を中性近辺に保つためにリン酸が重要な機能を担っていることが理解できるだろう。

例題

ある学生が細胞内の条件を模す実験に使用するために pH が 7.4，リン酸濃度が 50 mM（$H_2PO_4^-$，HPO_4^{2-} の合計で）であるリン酸緩衝溶液 1.0 l を調整するためには NaH_2PO_4 と Na_2HPO_4 をそれぞれ何 g 溶かして 1.0 l とすればよいか。

答

NaH_2PO_4 を a g，Na_2HPO_4 を b g 溶かした水溶液では Na はすべて電離し，
$H_2PO_4^- \rightleftarrows H^+ + HPO_4^{2-}$ の平衡が成り立っている。(5-12) より
$H_2PO_4^-$ が x M，HPO_4^{2-} が y M とすると
$7.4 = 7.21 + \log\frac{y}{x}$，題意より $x+y=0.05$ M　だから，この連立方程式を解くと
$x=0.0196$，$y=0.0304$ M となるので NaH_2PO_4 と Na_2HPO_4 の分子量より $a=2.35$ g，$b=4.32$ g 秤り取り，水に溶かしてメスフラスコを用い 1.0 l にすればよい。

5・3・2 炭酸緩衝系

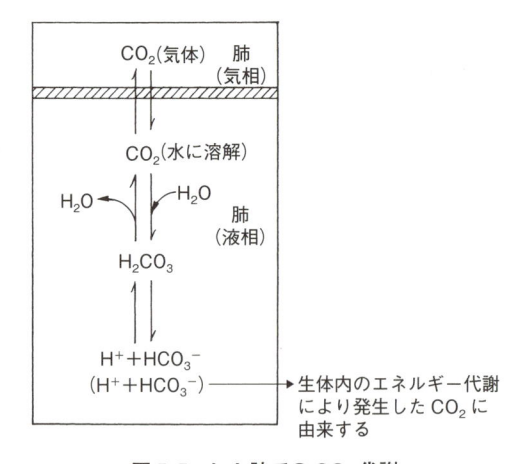

図 5-5 ヒト肺での CO_2 代謝

ヒトの肺では図 5-5 に示すように空気と血液などの体液が接しており，空気中の CO_2 が血液に溶けている。また体内の細胞内で生じているエネルギー代謝産物として CO_2 が生じやはり血液に溶けてくる。CO_2 の水への溶解は (4-19) ですでに記したが，再度ここでも (5-18) として記しておく。

$$CO_2 + H_2O \rightleftharpoons H_2CO_3 \rightleftharpoons H^+ + HCO_3^- \tag{5-18}$$

H_2CO_3 は炭酸 (carbonic acid), HCO_3^- は重炭酸イオン (hydrogencarbonate ion) と呼ばれる。(5-18)式の平衡定数は

$$\frac{[H^+][CO_3^-]}{[CO_2][H_2CO_3]} = K \tag{5-19}$$

と CO_2 と H_2CO_3 をまとめて書き表すのが一般的で, こうして得られる K は $K=4.45\times10^{-7}$ で, この値がデータブックに記されている。(5-18)で H^+ を生じる原因となる酸分子は CO_2 と H_2CO_3 分子だからこの溶液の pH は (5-12) を用いて

$$pH = pK_a + \log \frac{[HCO_3^-]}{[CO_2][H_2CO_3]} \tag{5-20}$$

と書ける。ところが (5-18) で H_2CO_3 として実際に見いだされる量は 4・3・2(c) で記したように無視できるので,

$$pH = pK_a + \log \frac{[HCO_3^-]}{[CO_2]} \tag{5-21}$$

を用いて血液に関する近似計算ができる。ヒト正常血液の pH は (5-21) で示される炭酸緩衝作用により厳密に 7.4 に保たれているが, この血液に存在する $[HCO_3^-]$ 濃度を計算してみよう。37℃, CO_2 の圧 760 mmHg という条件で 1 l の血液に 560 ml の CO_2 が溶解することが分かっている。CO_2 1.0 モルの体積は 37℃ で 25.4 l なので, ある CO_2 分圧 (pCO_2 と表す) の下で血液 1.0 l 中の CO_2 をモルで表すとモル濃度が求められ,

$$[CO_2] = \frac{(pCO_2/760)(0.560)}{25.4} = 2.90 \times 10^{-5} pCO_2$$

となる。CO_2 は気体なので $[CO_2]$ が mmHg を単位とする分圧で表されている点に注意してほしい。ヒトの正常肺胞中の CO_2 分圧は 40 mmHg で, さまざまなイオンが溶けている血液中における (5-21) 式中の $pK_a=6.1$ であることが知られている。

$7.4 = 6.1 + \log \dfrac{[HCO_3^-]}{2.90 \times 10^{-5} pCO_2}$ の pCO_2 に 40 mmHg を入れると $[HCO_3^-]$ は 0.0232 M (23.2 mM) となる。

参考図書
1) J.R. Barrante, 清水 博ら訳, 「ライフサイエンスのための物理化学」, 東京化学同人 (1992)

◆ **練習問題** ◆

1 電離定数と pK_a に関する以下の問に答えよ。
　① つぎの電離定数をもつ酸の pK_a を示せ。
　　　(a) 1.34×10^{-3} M　(b) 9.60×10^{-4} M　(c) 6.21×10^{-5} M
　② つぎの pK_a をもつ酸の電離定数を $a \times 10^n$ M の形で示せ。

(a) 3.75　　(b) 4.60　　(c) 9.25

2　本文中でpHとは［H⁺］イオン濃度の負の対数である記した。一方pHとは［H⁺］イオン濃度の逆数の対数であるともいえる。このことを証明せよ。

3　1.0×10^{-3} M の酢酸のΛは25℃で$49.3 \Omega^{-1} cm^2 M^{-1}$である。この酢酸の電離度$\alpha$を求め，pHを計算せよ。

4　つぎの各水溶液のpHはいくらか。
(a) ［H⁺］= 10^{-4} M　　(b) ［H⁺］= 10^{-11} M
(c) ［OH⁻］= 10^{-4} M　　(d) ［OH⁻］= 10^{-9} M

5　つぎのpHを示す各水溶液の［H⁺］および［OH⁻］のモル濃度を示せ。
(a) pH = 2.0　　(b) pH = 5.2　　(c) pH = 7.4　　(d) pH = 12.8

6　ある塩酸水溶液 50.0 ml を 0.150 M の水酸化ナトリウム水溶液 40.0 ml で完全に中和できた。この塩酸水溶液の塩酸のモル濃度を示せ。

7　5.0%硫酸水溶液（密度は 1.0 g/cm³）50.0 ml を完全に中和するために必要な 2.0 M 水酸化ナトリウム水溶液の体積はいくらか。

8　市販のある食酢は重量%で 3.8%の酢酸を含む。この食酢について，酢酸のモル濃度を求め，そのpHを示せ（食酢の密度は 1.0 g/cm³ とし，食酢中の他の成分はpHに影響しないとする）。

9　リン酸の総濃度が 0.500 M，pHが 7.0 であるリン酸緩衝溶液を 500 ml 作りたい。NaH_2PO_4とNa_2HPO_4をそれぞれ何g溶かして500 ml とすればよいか。

6章　遷移元素（d 元素）

6・1　d 元素の一般的性質

　周期表にまとめられている 103 種の元素のうち 80% は金属である。その大半（103 種の半分以上）は**遷移元素**である。遷移元素は鉄をはじめ，銅，銀，クロム，マンガンなど日常生活で実用上重要な金属が多い。そのことから，遷移元素について知っておくことは大切である。

　この章では，周期表の第 4 周期におけるスカンジウムから亜鉛までの元素，およびそれらと同じ族に含まれる第 5，第 6 周期の元素の一般的な性質を述べる。遷移元素は，部分的にみたされた d 軌道と f 軌道の電子を有する元素である。亜鉛・カドミウム・水銀では，d 軌道および s 軌道に電子がすべて満たされているので典型元素に分類される場合もあるが，ここではそれらも含めて説明する。遷移元素のうち f 軌道に電子が順次充たされていく系列は，ランタノイド（希土類）およびアクチノイドと呼ばれている。

　遷移元素（d 元素）は次の性質を示す。
　　（A）　すべて金属元素である。
　　（B）　陽イオンになりやすい。
　　（C）　酸化還元反応により原子価が多様に変化し，水溶液はさまざまな色を呈する。
　　（D）　配位化合物をつくり，化学的安定さが変化する※。

※　安定（stable）という術語は，化学でしばしば使われる。化学物質の安定性は，周囲の条件に大きく依存する。この章では，生物が生存するのに必要不可欠な水と酸素が存在する環境で安定に存在する遷移元素の配位化合物を主な対象にする。その場合，配位化合物について「ある化合物は安定だ」を正確に表現しなおすと，「ある化合物は，水と酸素の存在下で安定だ」になる。このとき「安定」という言葉には，化学平衡（正方向と逆反応の速度が等しく，見かけ上は反応が止まった状態）の概念が含まれている（6・3・6 参照）。

表 6-1 遷移金属[注1]の外殻電子配列[注2]

第一遷移系列		第二遷移系列		第三遷移系列	
元素	基底状態	元素	基底状態	元素	基底状態
Sc	d^1s^2	Y	d^1s^2	La	d^1s^2
Ti	d^2s^2	Zr	d^2s^2	Hf	d^2s^2
V	d^3s^2	Nb	d^4s^1	Ta	d^3s^2
Cr	d^5s^1	Mo	d^5s^1	W	d^4s^2
Mn	d^5s^2	Tc	d^5s^2	Re	d^5s^2
Fe	d^6s^2	Ru	d^7s^1	Os	d^6s^2
Co	d^7s^2	Rh	d^8s^1	Ir	d^7s^2
Ni	d^8s^2	Pd	d^{10}	Pt	d^9s^1
Cu	$d^{10}s^1$	Ag	$d^{10}s^1$	Au	$d^{10}s^1$
Zn	$d^{10}s^2$	Cd	$d^{10}s^2$	Hg	$d^{10}s^2$

注1) 遷移元素のうち，f殻の電子が部分的に満たされている元素である原子番号58から71のlanthanoidsおよび原子番号90から103のactinoidsについては生物に含まれていないのでここでは詳しく説明しない．

注2) 外殻電子について，殻の周期を示す数字番号を省略し電子軌道のみを表示した．本章では，外殻の周期よりも，外殻電子がどの電子軌道に存在するかを理解することが大切である．

s軌道は1種類のみであり，p軌道は3種類で一組であるのに対し，d軌道は5種類で一組となっている．各軌道には電子が2個ずつはいるので，d軌道には合計10個の電子がはいる．表6-1に示されるように，d元素の外殻には，d電子が存在している．ここで留意する点は，d軌道のエネルギーレベルと，次のs軌道のエネルギーレベルが近接しており，両者のエネルギー準位が核の電荷やd軌道の電子数に依存するということである．そのためd軌道とs軌道に電子がはいる順序には簡単な規則がない．例えば，クロムやモリブデンでは，d^4s^2の電子配置とはならずd^5s^1となる．また，貨幣に用いられる金属の銅，銀，あるいは金ではd^9s^2とはならず$d^{10}s^1$となる．鉄・銅・亜鉛・モリブデンやコバルトなどは，生物の必須微量元素である．生体内において，それらは水溶液中に遊離した金属イオンの状態ではなく，有機化合物やタンパク質・核酸と結合した**配位化合物**（金属錯体）の状態になっている．生体反応での金属錯体の役割は多様である．生物は呼吸や酵素活性にd元素の(C)と(D)の性質を巧みに利用している．したがって，d元素イオンの配位化合物の性質やそれらの酸化還元反応についての知識は，呼吸などの生体反応を化学的に理解する基礎となる．

この章では，まず金属とそのイオンの性質について概説する．さらに酸化還元反応を化学平衡の観点からわかりやすく説明し，生物の化学反応に深く関与している遷移金属の性質を詳しく述べる．

6・2 d元素のイオン化

6・2・1 イオン化傾向

単体の金属原子は水溶液中で陽イオンになる性質をもつ。金属のイオン化しやすい順序を金属の**イオン化傾向**として示すと，次のようになる。イオン化列は化学の基本として学ぶ重要な事柄の一つである。

K>Ca>Na>Mg>Al>Zn>Fe>Ni>Sn>Pb>(H_2)>Cu>Hg>Ag>Pt>Au

列にはd元素も含まれている。この順序を説明するのに，金属の水中でのイオン化現象を二つに分けて考えてみよう※。一つは，外部からのエネルギー供給を必要とする，金属原子から電子を奪うイオン化過程と，もう一つは金属イオンが水和し，より安定化される際にエネルギーを放出する過程である。このように分けると，イオン化列は二つの過程のエネルギー総和の結果として考察できる。

6・2・2 d元素のイオン化エネルギー

まず，イオン化過程について考察する。表6-2にカリウムから亜鉛までの元素について第一，第二，第三イオン化エネルギーを示す。

よく知られているように，典型元素のカリウムとカルシウムはそれぞれ1価あるいは2価のイオンだけを形成する。両者のイオンは安定なアルゴンと同じ閉殻構造$3s^23p^6$である。表6-2におけるイオン化エネルギーの値は，カリウムでは第二イオン化エネルギーが非常に高く，またカルシウムでは第三イオン化エネルギーが極端に高い。したがって，カリウムは1価のイオンが，またカルシウムは2価のイオンが安定なことは容易に説明できる。

これに対して，遷移元素の場合は，多様な原子価を示すためにカリウムやカルシウムと比べて理解しにくい印象を受けてしまうかもしれないが，イオン化エネルギーの値からある程度までは説明できる。

表6-2の数値において，銅の第二イオン化エネルギーが他のどのd元素より大きい。このため表に示したd元素のなかで，唯一，銅だけが安定な1価の原子価の化合物も生成する。

※ 単体の金属は，金属結合で原子どうしが堅く結びついている。したがって，厳密な考察では，それらをばらばらの原子にするために必要なエネルギーも考慮する必要がある。

表 6-2 金属のイオン化エネルギー (kJ/mol)

	第一イオン化エネルギー[注]	第二イオン化エネルギー[注]	第三イオン化エネルギー[注]
K	419	3,051	4,411
Ca	590	1,145	4,912
Sc	631	1,235	2,389
Ti	658	1,310	2,652
V	650	1,414	2,828
Cr	653	1,592	2,987
Mn	717	1,509	3,248
Fe	759	1,561	2,957
Co	759	1,646	3,232
Ni	737	1,753	3,393
Cu	745	1,958	3,554
Zn	906	1,733	3,833

注) イオン化ポテンシャルということもある。第二イオン化エネルギーは第一番目と第2番目の電子を取り除くエネルギーを示している。データは日本化学会編,「化学便覧(改訂5版)」,丸善(2004)による。

　第三イオン化エネルギーの増す順序は Sc＜Ti＜V＜Fe＜Cr＜Co＜Mn＜Ni＜Cu＜Zn＜Ca＜K である。第三イオン化エネルギーが比較的小さいスカンジウムは，2価の Sc(Ⅱ) 状態でとどまりにくく，3価の Sc(Ⅲ) まで酸化して安定になることがわかる。同様な理由から，チタンも，水溶液中で2価のイオンは不安定である。また，ニッケルと銅では第三イオン化エネルギーが高いので，Ni(Ⅲ) や Cu(Ⅲ) の化合物を生成しにくい。さらにそれらより高いエネルギーが必要な亜鉛およびカルシウムでは3価の化合物が単離できない。

　したがって，銅は1価と2価，ニッケルおよび亜鉛は2価，スカンジウムおよびチタンは3価，そして，バナジウム・鉄・クロム・コバルトおよびマンガンは，すべて2価および3価の安定な化合物を生成する。二つ以上の原子価を示す元素において，どの原子価状態が安定であるかは，元素を取り囲む周囲の条件に依存する。生物は鉄や銅を呼吸や酵素反応で利用するときに，この依存性をみごとに応用している(後述)。チタン・バナジウム・クロムおよびマンガンの4以上の安定な原子価は，酸素との化合物(酸化物)に認められる※。

6・2・3　d元素イオンの外殻電子

　スカンジウム原子では，外殻には $3d^1 s^2$ のように1個のd電子と2個のs電子が存在する。その3価イオンはこれらの外殻電子を失い，カリウムイオン，あるいはカルシウムイオンと同じようにアルゴン型の希ガス閉殻構造 $3s^2 3p^6$ に変化するので，遷移元素の性質

※　d元素の4以上の高い価は，酸素などの電気陰性度の大きい元素と結合している状態で安定化する。逆に，1以下の低い価は，電子を供与しやすいカルボニルやオレフィンと結合した状態で安定になる。

は示さないと予想できる。実際に、Sc(Ⅲ)は典型金属元素のAl(Ⅲ)とほぼ類似の性質を示すことが確認されている。

次に、希ガス型以外のd元素イオンについて考察しよう。外殻d軌道に電子が残るイオンの電子配置を考えるときに大切なことは、外殻s軌道のエネルギー準位がd軌道のエネルギー準位より高くなる点である※。その結果、すべてのd元素の安定なイオンでは、外殻s軌道に電子が存在しない(表6-3)。例えば、外殻電子$3d^{10}4s^1$の銅が1個の電子を失うと、表6-1の順序から予想される電子配置は$3d^84s^2$または$3d^94s^1$である。ところが、実際の銅(Ⅰ)イオンでは、イオン化により3d軌道と4s軌道のエネルギー順が逆転し、3d軌道のほうが4s軌道より安定になるので、銅(Ⅰ)の外殻電子配置は$3d^{10}$となる。

6・2・4 イオンの水和

イオンが溶媒に溶けるのは、イオンと溶媒分子が相互作用を起こすためである。この現象をイオンの**溶媒和**といい、溶媒が水の場合には**水和**という。水は2章や4章でも述べたように極性分子なので、水分子とイオンとのあいだには静電力が働き、陽イオンは水分子の酸素側を、陰イオンは水分子の水素側を引きつける。イオンに引きつけられた水のうち、イオンと相互作用が特に顕著な水分子を**水和水**という。後述するように、水和水は金属イオンの**配位子**となる。水和に伴い**水和熱**が放出され、その分だけイオンは単独で存在するよりも水和した状態のほうが安定になる。

表6-3 第一遷移系列イオンの外殻d電子

外殻	1価	2価	3価
$3d^1$			Ti(Ⅲ)
$3d^2$			V(Ⅲ)
$3d^3$		V(Ⅱ)	Cr(Ⅲ)
$3d^4$		Cr(Ⅱ)	Mn(Ⅲ)
$3d^5$		Mn(Ⅱ)	Fe(Ⅲ)
$3d^6$		Fe(Ⅱ)	Co(Ⅲ)
$3d^7$		Co(Ⅱ)	
$3d^8$		Ni(Ⅱ)	
$3d^9$		Cu(Ⅱ)	
$3d^{10}$	Cu(Ⅰ)注)	Zn(Ⅱ)	

注) 第一遷移金属元素の最低原子価はふつう2価である。しかし、銅だけは例外で安定な1価の化合物をつくる。第二および第三遷移系列の銀と金のイオン化エネルギーも銅のイオン化エネルギーと似ており、銀の通常の酸化状態は1価である。一方、金は王水(濃硝酸と濃塩酸の体積比1:3で混合した溶液)に溶けることが知られているが、そのときできる塩化金(Ⅲ)酸$HAuCl_4$は3価である。

※ イオン化しても原子核の陽電荷数は変わらないので、失われた電子が打ち消していた静電力分だけ、残りの電子に余計な力が加わる。イオンの電子雲は全体的に中心核に引き寄せられ、電子雲が収縮し、s、pおよびd軌道のエネルギー準位に変化が起こる。その過程で、表6-1の外殻d軌道は、外殻s軌道より安定になる。

イオンを記述する場合，水和水を省略して Cu^{2+}，Fe^{3+}，Ag^+ または Cl^- のようにイオン自身の化学記号と電荷のみを用いる場合が多い。例えば硝酸銀 $AgNO_3$ の水溶液に塩化ナトリウム NaCl の溶液を加えると，水和した銀（Ⅰ）イオンと塩化物イオンが反応し電荷をもたない分子が生成するので水和水が解離して AgCl が沈殿する，というのが正確な記述である。しかし化学反応は次の式のように水和水を省略して書くのが一般的である。

$$Ag^+ + Cl^- \longrightarrow AgCl\downarrow \qquad (6\text{-}1)$$

水和や水和水の解離の反応はたいていの無機イオンで非常に早いので，無機反応では上の例のように化学式に水和水を含めなくても問題は起こらない[※1]。しかし，d 元素の錯体の構造や，その反応においては水和水の概念が重要となる。

6・3　d 元素と錯体

6・3・1　錯体と配位子

硝酸銀の水溶液に塩化ナトリウムの溶液を加えると，AgCl が沈殿することを前節で述べた。この沈殿反応は，水和 Ag^+（アクア Ag^+）の存在を確認する方法である。ところが，アンモニアを含む溶液中においては，Cl^- を加えても AgCl の沈殿を生成しない。この理由は Ag^+ にアンモニアが直接結合した錯体を形成しているためである。

$$H_2O \cdots Ag^+ \cdots OH_2 + 2NH_3 \longrightarrow H_3N \cdots Ag^+ \cdots NH_3 + 2H_2O \qquad (6\text{-}2)$$
（水和銀イオン）　　　　　　　　　　　　　　（銀の錯体）

まず，**錯体**を記述するための基本的な用語を説明しよう。分子やイオンが金属イオンに直接結合し，イオンのまわりに配列する状態を**配位**という。このとき，「配位したものはイオンに直接化学結合しているのだ」と考え，その結合を**配位結合**と呼ぶ。また，結合した分子やイオンを**配位子(ligand)**，その数を**配位数**，配位子と金属イオンの集合を**錯体**，錯体のうち電荷をもったものを**錯イオン**[※2]という。

配位数は，金属イオンと配位子の種類によって決まる。Zn^{2+} や Al^{3+} なども錯イオンをつくるが，特に d 元素イオンは錯イオンをつくりやすく，特有の色を示す。水溶液中の d 元素イオンの色は，実際には水分子が配位結合したアクア錯イオンの色であることが多い。表 6-4 に d 元素の錯イオンの例を示す。

ふつう，陽イオンである金属イオンの配位子は中性の極性分子および陰イオンである。中性の極性分子として H_2O，NH_3 および CO，陰イオンとして CN^- および Cl^- などが知られている。配位結合においては，これらの極性分子や陰イオンの非共有電子対が，金属イ

[※1] 水和したアクアイオンは，通常は略して単にイオンとよばれ，イオンを生じる物質を電解質，そうでない物質を非電解質と呼んで区別する。生物細胞間の情報伝達では，Na^+，K^+，Cl^- のすばやい反応が利用されている。

[※2] SO_4^{2-}，PO_4^{3-}，NO_3^- などの非金属のオキソ酸(酸素酸)イオンを錯イオンに含める場合もある。

表6-4 d元素のイオンとその錯イオンの例

V^{2+}	$[V(CN)_6]^{4-}$	ヘキサシアノバナジウム(Ⅱ)酸イオン	紫
Cr^{3+}	$[Cr(NH_3)_6]^{3+}$	ヘキサアンミンクロム(Ⅲ)イオン	黄
Mn^{2+}	$[Mn(H_2O)_6]^{2+}$	マンガン(Ⅱ)イオン	淡紅
Fe^{3+}	$[Fe(CN)_6]^{3-}$	ヘキサシアノ鉄(Ⅲ)酸イオン	赤褐
Co^{3+}	$[Co(NH_3)_6]^{3+}$	ヘキサアンミンコバルト(Ⅲ)イオン	橙
Ni^{2+}	$[Ni(NH_3)_6]^{2+}$	ヘキサアンミンニッケル(Ⅱ)イオン	青紫
Cu^{2+}	$[Cu(NH_3)_4(H_2O)_2]^{2+}$	テトラアンミン銅(Ⅱ)イオン	深青
Ag^+	$[Ag(NH_3)_2]^+$	ジアンミン銀(Ⅰ)イオン	無色
Zn^{2+}	$[Zn(CN)_4]^{2-}$	テトラシアノ亜鉛(Ⅱ)酸イオン	無色
Cd^{2+}	$[Cd(NH_3)_4]^{2+}$	テトラアンミンカドミウム(Ⅱ)イオン	無色

オンに直接配位している。錯イオンの化学式は，金属イオン，配位子の順に書き，全体を[ ]でくくる。この表記方法は，錯体化学の分野で先駆的な研究を行ったWernerが用いたものである。

　Ag^+の例で示したように，配位結合が形成されると，金属イオンの化学的性質には大きな変化が起こる。そのような変化の詳細を述べる前に，まず錯イオンとはどのようなものかについて考えてみよう。

6・3・2　d元素イオンの配位結合と希ガス型電子構造

　共有結合は，結合に関与する2個の原子がそれぞれ1個ずつ価電子を出し合って，両方の原子の電子配置が希ガス型電子構造になることで安定化する。それでは，希ガスの安定性を基礎にしたこの解釈が，金属錯体における配位結合に応用できるかどうかを調べてみよう。

　最初に，配位数6のテトラアンミン銅(Ⅱ)イオン$[Cu(NH_3)_4(H_2O)_2]^{2+}$をとりあげる。電荷+2の銅(Ⅱ)イオンは，四つのアンモニア分子と二つの水和水により安定化されている。その化学結合を詳細に考察してみよう。まず，配位子NH_3の電子構造は，4・4・2(b)でも述べたが，再度示すことにする。窒素原子の外殻電子5個のうち，2個は非共有電子対，残りの3個は周囲の三つの水素原子の電子3個と独立した3本の共有結合をつくる。窒素の外殻電子は合計8個($5+1\times3$)となり，ネオン原子と同じ希ガス型閉殻構造である。また，水素の外殻電子は各々合計2個となり，ヘリウム原子と同じ希ガス型閉殻構造となっている。次の図はテトラアンミン銅(Ⅱ)イオンの構造で，右側は配位結合を共有結合と区別して矢印(→)で示したものである。NH_3の窒素の外殻電子は，配位したあとも，8個でネオン原子の電子配置のままである。銅と配位子の窒素は同一平面上にある。また，その平面の上と下には水が配位している。それでは，銅の外殻電子が，希ガス型の電子構造になるかどうか確かめてみよう。銅(Ⅱ)の外殻には，表5-3に示したように9個のd電子がある。

これに配位子6個からの2個ずつの電子を合計すると，9+6×2=21 となる。この電子数は，銅と同じ周期の希ガスであるクリプトンの外殻電子数18より多い。銅は希ガス型の電子構造にならないことがわかる。

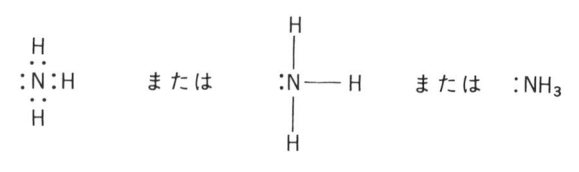

$$:\!\overset{H}{\underset{H}{N}}\!:\!H \quad \text{または} \quad :\!\overset{H}{\underset{H}{N}}\!-\!H \quad \text{または} \quad :NH_3$$

図6-1　アンモニア分子

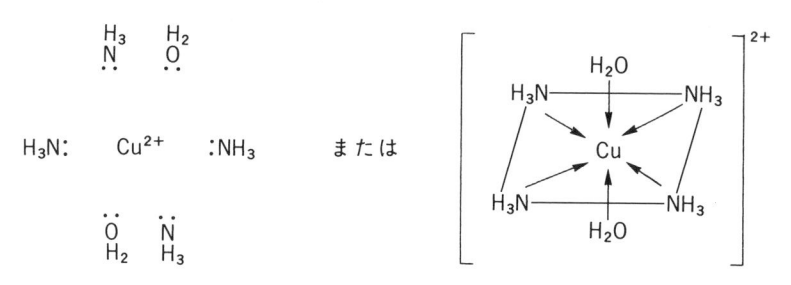

図6-2　テトラアンミン銅(Ⅱ)イオンの構造

次の例として，配位数6のヘキサシアノ鉄(Ⅲ)酸イオン，$[Fe(CN)_6]^{3-}$ を調べてみよう。鉄が3価の陽イオンで，配位子は1価の陰イオンであるから，鉄(Ⅲ)錯イオンの電荷は +3-6=-3 である。まず，配位子 CN^- の電子構造を説明する。CN^- には三重結合があり，6個の共有電子が存在し電子構造は次のようになる。

$$:C^-\!:\!:\!N: \quad \text{または} \quad :C^-\!\equiv\!N:$$

図6-3　シアン化物イオン

炭素原子の外殻電子4個のうち，2個は非共有電子対，残り2個は，窒素との共有電子となる。一方，窒素原子は，外殻電子5個のうち，2個は非共有電子対，残りの3個は炭素との共有電子である。炭素と窒素の両方から提供される電子5個と，CN^- の負電荷の電子をあわせて，合計6個の共有電子となる。配位子の炭素と窒素は，両方とも外殻電子数8となり，安定なネオン原子と同じ閉殻構造となる。共有電子対のうち半分は炭素側に属すと考えると，CN^- の負電荷が炭素側にあることを，次のようにおおまかに説明できる。炭素側の電子数は，3個の共有電子と2個の非共有電子対をあわせて合計5個となる。ところが，炭素は外殻電子4個で中性を示す元素なので，炭素に電子1個分の負電荷が残ることになる。したがって，鉄(Ⅲ)陽イオンには，炭素側が配位し，錯イオン $[Fe(CN)_6]^{3-}$ の構造は，次のようになる。

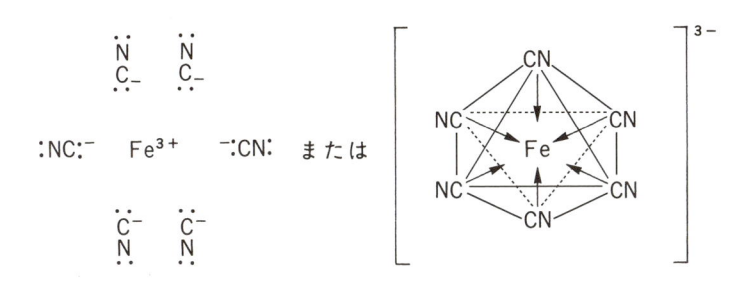

図6-4 ヘキサシアノ鉄(Ⅲ)酸イオンの構造

　図6-4のように6個の CN^- は正八面体の頂点にあり，鉄(Ⅲ)の位置はその中心にある。鉄(Ⅲ)の外殻電子は5個のd電子よりなり，それに六つの配位子から供給される2個ずつの電子を合わせると，$5+6×2=15$ となる。この数は，クリプトンの外殻電子数18より少ない。前述の場合と同様に，この錯体の鉄も希ガス型電子構造にはなっていない。

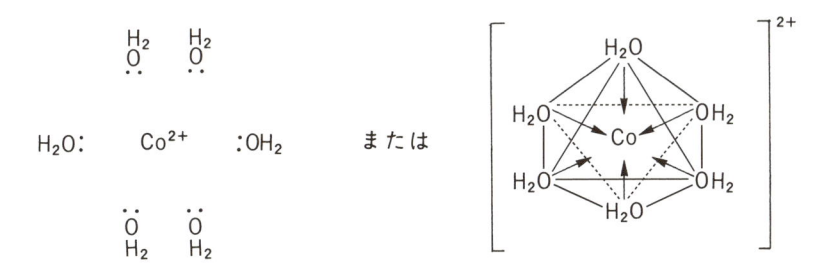

図6-5 水和コバルトイオンの構造

　もう一つの例として，水和したコバルトイオンをとりあげよう。水和コバルトイオンは，配位数6の錯イオンとなっており，Co(Ⅱ)の方がCo(Ⅲ)より安定である。Co(Ⅱ)イオンの外殻電子は7個のd電子よりなり，それに六つの配位水から2個ずつの電子を加算すると，$7+6×2=19$ となる。コバルトの外殻電子数19は，クリプトンの外殻電子数18より1つ多くなる。一方，Co(Ⅲ)イオンが水溶液中で仮に配位数6の錯イオン $[Co(H_2O)_6]^{3+}$ をつくるとすれば，Co(Ⅲ)の外殻電子数は $6+6×2=18$ となる。この数はクリプトンの外殻電子数と一致する。前述したようにCo(Ⅱ)の方がCo(Ⅲ)より水中では安定であるという事実は，「希ガス型電子構造になると安定」という考え方がこの章で扱う金属錯体に適用できないことを示している※。

※　カルボニルやオレフィンなどが配位した錯体における金属原子では，その外殻電子はたいてい希ガス型電子構造となる(6・5・3参照)。一般に，それらの錯体は水や酸素の存在下で不安定な場合が多い。

6・3・3 配位子に依存する d 元素イオンの安定な原子価

遷移元素には二つ以上の原子価を示すものがあり，そのうちどれが安定であるかは，条件に左右される．ここでは，配位子の種類がその条件の一つであることを示す．

配位数 6 の水和コバルト錯イオンは $[Co(H_2O)_6]^{2+}$ として存在しており，6・3・2 で述べたように Co(II) から Co(III) には酸化されにくい．ところが，これに対応する 6 配位アンミン錯体，$[Co(NH_3)_6]^{2+}$ は，水に溶けている酸素に容易に酸化されて Co(III) 錯体になる．

このようなコバルト錯イオンの酸化されやすさの変化を，エネルギーの得失に焦点をあわせて考察してみよう．表 6-2 のイオン化エネルギーの値によると，コバルトの第三イオン化エネルギーは第二イオン化エネルギーよりかなり大きい．水和水による安定化エネルギーがさほど大きくないと考えれば，2 価から 3 価に変わるには大きなイオン化エネルギーが必要なので Co(II) は Co(III) に酸化されにくいことが予想できる．これに対して，強い配位子，例えばアンモニアが配位した錯体では，Co(II) をさらにイオン化して Co(III) にするために必要なエネルギーを，配位による大きな安定化エネルギーが十分補償すると考えられる．

> イオンの酸化されやすさが配位子に依存するという性質は，鉄や銅の錯体においても認められる．この性質は，ミトコンドリアの呼吸鎖やクロロプラストの酸化還元反応において，巧みに使われている．

6・3・4 配位子に依存する錯イオンの色と構造
　　　　　（分光化学系列と配位子場）

配位子が変わると，錯体イオンの酸化されやすさや構造などと同時に，錯イオンの色が変化する．錯イオンの色は，目で直接確認できる．例えば，青色のアクア銅(II)イオンの水溶液にアンモニア水を過剰に加えるとテトラアンミン銅(II)錯イオンが生成して深青色の溶液になる(6・5・3 参照)．

槌田龍太郎は，配位子で変わってしまう錯体の色を，分光光度計を用いて正確に分析した．そして，色の変化の程度を比較すると，配位子には序列があることを見いだした．その順序は分光化学系列といわれ，次のようになる[※]．

$I^- < Br^- < Cl^- < F^- < CO_3^{2-} \sim OH^- \sim HCO_3^- <$ シュウ酸イオン$(C_2O_4^-)$
$< H_2O < NH_3 <$ エチレンジアミン $< NO_2^- < CN^-$

配位子の分光化学系列を，d 元素イオンの外殻電子のエネルギーの状態変化に基づいて

[※] 錯イオンの種類により，順序が交代する配位子を〜で示した．エチレンジアミンについては 6・3・5 で説明する．本文の系列には記述していないが，生物で重要な配位子であるアミノ酸の配位子(－配位する官能基)の序列は，システイン($-SH$)＜カルボキシル基($-COOH$)＜アミノ基($-NH_2$)＜ヒスチジン($-$イミダゾール)となる．光の吸収は，そのエネルギーと一致する d 電子のエネルギー準位差で説明できる(練習問題参照)．

考察してみよう。錯イオンの金属イオンと配位子の間には，静電力が働いている。配位子がイオンを取り囲んだときに，配位子による静電場が形成され，中心の金属イオンを安定化していると考えることができる。このような考え方に基づく静電場を**配位子場**という。配位子場は，中心金属イオンに電場をかけ，金属原子の外殻電子のエネルギー状態を変えていることになる。物質の化学的性質は外殻電子の状態により決まるので，外殻電子の状態が変われば金属イオンの化学的性質に変化が起こる。したがって，色や化学的性質に大きな変化が起こるのは，配位により強い配位子場が形成されることによると考えられている。この考えに従うと，配位子の分光化学系列は，配位子場の強くなる順序とみなすことができる。

前節において，コバルト錯イオンの性質を説明するために，H_2O より NH_3 の方が安定な錯体をつくると考えた。これは，H_2O より NH_3 の方が強い配位子場を形成することを意味しており，分光化学系列の配位子の順序 $H_2O < NH_3$ から予想されることである。

6・3・5 多座配位子

これまで説明してきた錯体では，1分子の配位子が金属イオンの1ヵ所に配位していた。例えば，6・3・2で示した銅(Ⅱ)錯イオンでは，銅(Ⅱ)の6ヵ所の配位部分(配位座)に対し，4分子の NH_3 と2分子の H_2O が1分子ずつ配位した。NH_3 や H_2O のように，金属イオンの1ヵ所だけを占める配位子を**単座配位子**という。これに対し，エチレンジアミン($NH_2CH_2CH_2NH_2$，en と略す)は，配位子として機能する二つのアミノ基が炭素鎖を介して両端にある。en と銅(Ⅱ)との錯体では，図6-6に示すように1分子の en が銅イオンの2ヵ所を同時に占めることができる。エチレンジアミンのような，1分子で二つ以上の位置を占める配位子を，**多座配位子**という。二つの位置で結合する配位子を**2座配位子**，三つの位置ならば**3座配位子**という。

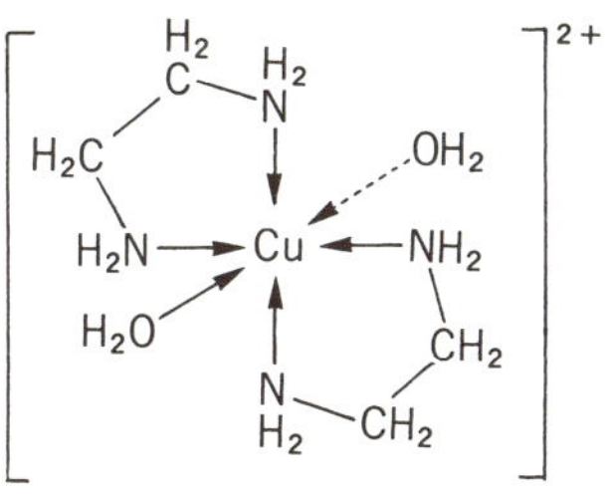

図 6-6 銅(Ⅱ)エチレンジアミン錯体

図6-6のように，多座配位子が金属イオンをはさむようにしてできた環構造を**キレート環**といい，環の骨格を形成する原子の数に応じて，**5員環**，**6員環**と呼ぶ。キレート環をもつ錯体は，安定な性質を示すので，特にキレート化合物とよばれる。エチレンジアミンは，銅(Ⅱ)イオンと $[Cu(en)_2(H_2O)_2]^{2+}$，コバルト(Ⅲ)イオンと $[Co(en)_3]^{3+}$ などを生

成する代表的な2座配位子である。そのときのキレート環は，5員環となる（図6-6）。炭酸イオン（CO_3^{2-}）やシュウ酸イオン（$C_2O_4^{2-}$），あるいはグリシン（$NH_2CH_2COO^-$）などのアミノ酸も，2座配位子である。

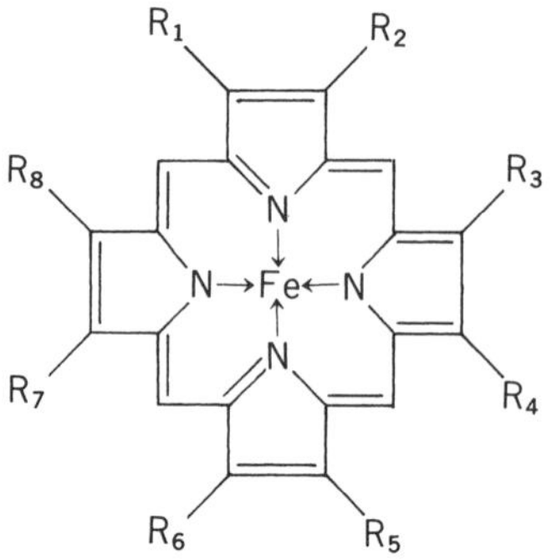

図6-7 鉄ポルフィリン錯体

4座配位子には，生物学的に重要なポルフィリンがある。鉄ポルフィリン錯体の構造を図6-7に示す。

7章で詳しく記述するように，ヘモグロビン・ミオグロビン・シトクロムおよびカタラーゼなどのタンパク質には鉄ポルフィリンが配位結合しており，ヘムまたはヘマチンとよばれている。植物の葉緑素にはマグネシウムの入ったクロロフィルが含まれる（7章，図7-11参照）。また，ビタミンB_{12}では，Co（Ⅱ）イオンが5座配位子と錯体をつくっている（図6-17参照）。

化学分析や金属イオン抽出によく利用される化合物に6座配位子であるエチレンジアミン四酢酸（EDTA）イオン，$(^-OOCCH_2)_2NCH_2CH_2N(CH_2COO^-)_2$がある。$K_2[Cu(EDTA)]$の銅（Ⅱ）錯イオンを図6-8に示す。2原子のNと4原子のOは，金属を中心とする8面体の頂点の位置から金属イオンに配位し，キレート5員環が全部で5個できる。鉄（Ⅲ）イオンおよびマンガン（Ⅲ）イオンと$EDTA^{4-}$の錯体では，$[Fe(EDTA)(H_2O)]^-$，$[Mn(EDTA)(H_2O)]^-$のように1分子の配位水を含む7配位の錯体を形成する。また，カルシウム（Ⅱ）イオンは$[Ca(EDTA)(H_2O)_2]^{2-}$のように2分子の配位水を含む8配位の錯体をつくる。

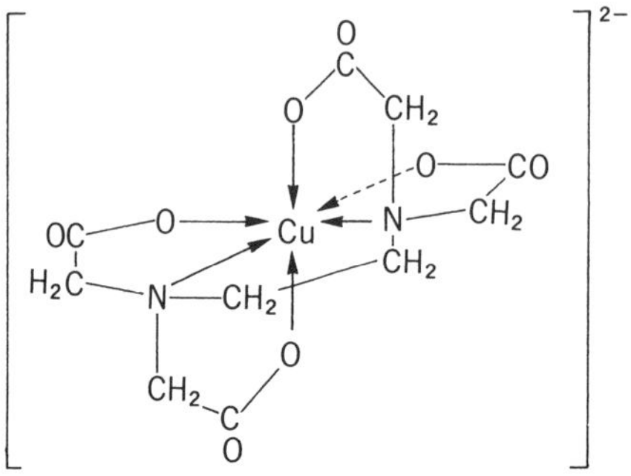

図6-8 銅EDTA錯体の構造（カリウム塩）

6・3・6 化学平衡と錯体の安定度定数

平衡状態が成立しているとき，その条件を変化させると，条件の変化の影響を少なくする方向に反応が進み，平衡が移動する。これを，ルシャトリエの"化学平衡移動の原理"といい，すべての化学反応はこの原理にしたがう。例えば

$$aA + bB \rightleftharpoons cC + dD \qquad (6\text{-}3)$$

という反応の平衡状態を考えてみよう。希薄水溶液(濃い溶液では，濃度をそのまま使えないので濃度に係数を掛けた活量という値を用いる)における各成分の濃度を[ ]で示し，ルシャトリエの原理を数式で表すと次のようになる。

$$K_e = \frac{[C]^c[D]^d}{[A]^a[B]^b} \qquad (6\text{-}4)$$

一般に，反応が平衡状態(equilibrium)の場合は K の右下に添え字 e をつける。平衡状態は反応ごとに決まる。平衡定数 K_e は，平衡状態が右辺にかたよっていると非常に大きな値になり，逆に左辺にかたよっていると零に近い値になる。錯体の安定度定数(K_1)や酸の解離定数(K_a)なども平衡定数である。以下では数式に基づいた考察を行うが，個々の式を理解する必要はない。重要なのは，平衡定数の値から反応の予測ができることを理解することである。

錯体の生成と分解が速いと仮定して，金属イオンを M，配位子を L，錯体を ML として平衡状態におけるそれらの濃度を[ ]で示すと

$$M + L \rightleftharpoons ML \qquad (6\text{-}5) \qquad K_1 = \frac{[ML]}{[M][L]} \qquad (6\text{-}6)$$

が成り立つ。平衡定数 K_1 を，錯体の安定度定数という。安定度定数は，個々の錯体の性質を示す値として，化学便覧などのハンドブックに一覧表としてまとめられている。それによると，多座配位子の錯体では，単座配位子のものより，その値が桁違いに大きい。例えば，Cu(Ⅱ)イオンを例にあげよう。単座配位子 $[Cu(NH_3)(H_2O)_5]^{2+}$ ($K_1 = 10^{4.17}$)を基準にすると，2座配位子 $[Cu(en)(H_2O)_4]^{2+}$ ($K_1 = 10^{10.7}$)の場合は約300万倍，また6座配位子 $[Cu(EDTA)]^{2-}$ ($K_1 = 10^{18.8}$)の場合は約40兆倍もの大きな値である。

それでは，平衡状態における錯体[ML]の量を推定してみよう。(6-6)式を書き換えると $[ML] = K_1[M][L]$ (6-7)となる。この式は，錯体の量が溶液中の[M]および[L]だけでなく，その安定度定数 K_1 にも依存することを表す。つまり，安定度定数 K_1 が大きいと金属イオンや配位子の濃度が非常に希薄でも，錯体が生成することになる。溶液中の配位子濃度[L]が一定の条件で，銅(Ⅱ)イオン錯体が同程度できるときの，銅(Ⅱ)イオンの濃度を推定し比較してみよう。単座配位子 NH_3 の場合を基準にすると，2座配位子 en では300万分の1に，6座配位子 EDTA では40兆分の1の銅(Ⅱ)イオン濃度で同じ錯体濃度になる。つまり単座配位子と比べると，キレート配位子は極微量の金属イオンが存在すれば錯体をつくることができる。これらのことは，生体において遷移金属錯体が機能するための重要な条件となっている。一般に生物細胞内の遷移金属イオンおよび配位

子は超微量である。もし生体で重要な機能を果たしている遷移金属錯体の安定度定数が小さければ，例えば鉄ポルフィリン錯体などは容易に鉄イオンを失ってその生理活性を失ってしまうことになる。

次に，水溶液中で金属錯体が配位子交換反応を起こす場合の水和水の役割について考察してみよう。ここで示したMやLは，水和イオンを省略して記述されたものである。水和水をaqで表して反応式を書くと次のようになる（水和水の数は省略されている）。

$$\text{Maq} + \text{Laq} \rightleftarrows \text{MLaq} \tag{6-8}$$

このように記述することにより，金属イオンと配位子の会合・解離では，水(aq)と配位子LがイオンMに対して競争的に反応することを示せる。水和水は，全体の反応が円滑に進むような環境をつくる機能も果たしている。

6・4 d元素と酸化・還元反応

6・4・1 遷移金属イオンの酸化と還元

電子の移動を伴う化学反応を，酸化還元反応という。生物の重要な酸化還元反応には，鉄イオンや銅イオンが中心的役割を担う呼吸や光合成などがある。したがって，生物の酸素代謝の機構や電子の移動方向を理解するために，酸化・還元の知識が必要となってくる。ここでは，まず酸化還元の基本的な事柄を説明し，酸化還元反応と電子の関係を明らかにしてみよう。

ある物質が電子を奪われたとき，その物質は**酸化**されたといい，逆に，ある物質が電子を得たとき，その物質は**還元**されたという。電子の移動で酸化還元を定義すると，酸素や水素を含まない化学反応にも酸化と還元という概念を適用できる。酸素と化合したときの酸化や，水素と化合したときの還元の場合も電子のやりとりで説明可能である。化学反応においては，ある成分が電子を奪われて酸化されれば，他方に電子を得て還元される成分が必ず存在しなければならない。例えば，イオン化傾向の大きい金属Znと，イオン化傾向の小さい金属イオンCu^{2+}の，溶液中での反応を例にあげる。

$$Zn + Cu^{2+} \longrightarrow Zn^{2+} + Cu \tag{6-9}$$

この反応は典型的な酸化還元反応であり，Znは電子を奪われ酸化され，Cu^{2+}は電子を得て還元される。酸化還元系は$Zn \rightarrow Zn^{2+} + 2e^-$および$Cu^{2+} + 2e^- \rightarrow Cu$の二つである。また，水素よりイオン化傾向の大きい亜鉛が，塩酸に溶けて水素が発生する反応は

$$Zn + 2HCl \longrightarrow ZnCl_2 + H_2 \uparrow \tag{6-10}$$

酸化還元系$Zn \rightarrow Zn^{2+} + 2e^-$と$2H^+ + 2e^- \rightarrow H_2$の反応である。亜鉛の塩化亜鉛への変化は酸化反応であり，水素イオンの水素への変化は還元反応である。これら二つの例は，固体と液体あるいは気体を含む反応であり，左辺の化合物のうちの一つが完全になくなるまで反応が続く。

次に，硫酸スズと硫酸鉄が水溶液中で酸化還元反応を起こす場合を考察してみよう。反

応は，以下に示すような可逆反応である。

$$Sn^{2+} + 2Fe^{3+} \rightleftarrows Sn^{4+} + 2Fe^{2+} \tag{6-11}$$

この場合の酸化還元系は，$Sn^{2+} \rightleftarrows Sn^{4+}+2e^-$ と $Fe^{3+} \rightleftarrows Fe^{2+}+e^-$ である。ここでまず，Sn^{2+} が Fe^{3+} により電子を奪われ酸化される → の方向と，逆に Fe^{2+} が Sn^{4+} により電子を奪われ酸化される ← の方向のうち，どちらに反応が進むかを決める必要がある。つまり酸化還元反応の平衡状態を予想することが問題となる。イオン間の反応におけるこれらの問題は，金属のイオン化傾向やイオンの安定性といった定性的な知識で解くことはできない。

6・4・2 酸化還元の反応方向と電池の起電力

錯体の反応や酸・塩基の反応では，個々の反応の性質を示す数値として平衡定数が有用であることはすでに述べた。これに対し酸化還元反応では，一見，化学反応とは関わりないと思われる，"電池の起電力"が平衡定数のかわりに使われる。

酸化還元反応の説明中に，唐突に電池の話が出てきたので，戸惑いを感じるかもしれない。そこでまず，酸化還元反応が電池の起電力とどのように関係しているのか，分かりやすく解説することにする。

図6-9は，イオンと電子の授受をするための電極，正と負の両極を結ぶ導線，および容器の中央の多孔質隔壁よりなる電池装置の概略である。電子の移動方向がよく分かるように，最初は，左側には $Fe_2(SO_4)_3$（Fe^{3+} イオン）のみ，右側には $SnSO_4$（Sn^{2+} イオン）のみを加えた場合を考えてみよう。

中央の隔壁により，鉄イオンとスズイオンは混じらないので，左側の酸化還元系は $Fe^{3+}+e^- \rightleftarrows Fe^{2+}$，右側では $Sn^{2+} \rightleftarrows Sn^{4+}+2e^-$ となる。両側とも1種類の酸化還元系しか存在しないので電子を供給あるいは受けとることができないので，両電極を導線で接続しないかぎり酸化還元反応が起こらない。電極をつなぐと電子の移動が可能になり反応系の電子の授受が起こり，このとき両電極間に電流が流れる。

反応式で示すと $Fe^{3+}+e^- \rightarrow Fe^{2+}$，$Sn^{2+} \rightarrow Sn^{4+}+2e^-$ の反応が起こり，導線を介して電子はスズイオン側から鉄イオン側へ移動する。そのままでは右側に正電荷がたまってしまうため，電流は止まるはずだが，中央の多孔質の隔壁を透過して，SO_4^{2-} イオンが右に，またスズイオンの一部が左側に移動することで，両液の電気的中性が保たれ，電流が左から右方向に流れ続ける。このとき，右側のスズイオンの電極電位を基準にすると，電池の**起電力** E は，正（$E>0$）となる。

さて，この反応が十分進み，平衡状態になった場合に電流はどうなるであろうか。電池全体の反応は，はじめのうちは $Sn^{2+}+2Fe^{3+} \rightarrow Sn^{4+}+2Fe^{2+}$ であり，しだいに左側には Fe^{2+}，右側には Sn^{4+} が蓄積する。そして蓄積したイオンは，逆方向の反応 $Fe^{2+} \rightarrow Fe^{3+}+e^-$，$Sn^{4+}+2e^- \rightarrow Sn^{2+}$ を引き起こすようになる。逆反応（$Sn^{4+}+2Fe^{2+} \rightarrow Sn^{2+}+2Fe^{3+}$）が起こると，電子は逆方向に移動する。そのため，$Fe^{3+}$ と Sn^{2+} の濃度が零になる前に，

図6-9 電 池

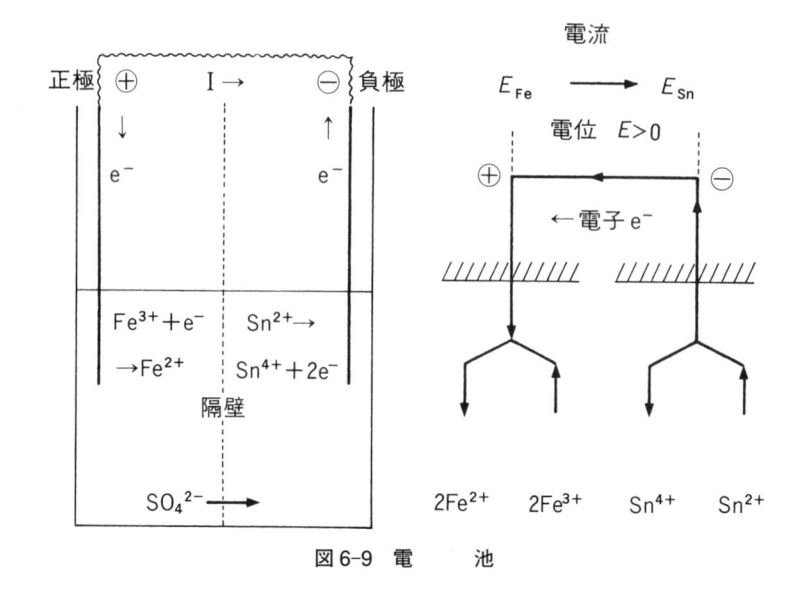

起電力は，$E=0$となる。電池の酸化還元反応（$Sn^{2+} + 2Fe^{3+} \rightleftarrows Sn^{4+} + 2Fe^{2+}$）が平衡状態に達したために，見かけ上の電子の移動が起こらなくなったのである。

次に，電池における起電力Eについて考えてみよう。電池の図から理解できるように，電極間の電位差[※]は2つの酸化還元系の"電子を奪う強さ"の差を示している。すなわち，イオンの濃度が$Fe^{3+} > Fe^{2+}$，$Sn^{2+} > Sn^{4+}$条件では起電力$E > 0$となり，鉄イオンは，導線を介してスズイオンから電子を奪い，スズイオンを酸化するが，逆に，$Fe^{3+} < Fe^{2+}$，$Sn^{2+} < Sn^{4+}$条件では起電力が$E < 0$となり，スズイオンは，鉄イオンから電子を奪い，鉄イオンを酸化する。このように，電池の起電力は2つの酸化還元系の酸化型・還元型の濃度比に依存するため，濃度比が決まらないと，2つの系の"電子を奪う強さ"は比較できない。そこで，化学では比較ができるように，酸化型と還元型の濃度が等しいとき（濃度比が1）を標準条件と決めている。そのときの電池の起電力は**標準起電力**（E_0）と呼ばれている。電池を用いて測定された標準起電力は，個々の酸化還元反応に固有な値となる（6・4・4参照）。

6・4・3 標準電極電位

溶液中で酸化還元反応が起こる場合に，電子を奪い還元される酸化還元系と電子を奪われて酸化される酸化還元系が必ず同じ溶液中に存在することは，すでに述べた。**電池**とは，化学反応における二つの酸化還元系を，還元される正極の側と酸化される負極の側に分離した装置なのである。

そこで，電極の片方をある基準となる電極反応（酸化還元系）とし，他方の極に種々の異

[※] 負荷をつけない開回路の電池における端子間の電位差をいう。

なる電極反応(酸化還元系)がある場合を考える。そうすると，種々の電極反応の"電子を奪う強さ"を，共通な基準に対して比較することになる。国際規約では，1気圧の水素が飽和した25℃，$[H^+]=1$（正確には活量が1）の水溶液の**水素電極反応**が基準となる電極として採用されており，その電位を0

$$2H^+ + 2e^- \rightleftarrows H_2 \tag{6-12}$$

とすることになっている。この**標準水素電極**を用いて，任意の電極反応が[酸化型]=1，[還元型]=1のときの起電力を測定したとき，その値を**標準電極電位** E^0 という（表6-5）。標準電極電位は標準起電力 E_0 と区別して E^0 と示す。

6・4・4　実際の酸化還元反応と標準電極電位

これまで述べてきたことから，電極反応の"電子を奪う強さ（酸化する強さ）"の程度は，表6-5で示す標準電極電位の値から分かることが理解できるだろう。そこで，ここでは，表6-5を参照しながら，ここまで述べてきたことを復習しておこう。

まず物質が水中で安定に存在するための条件を調べてみよう。表5-5には

$$2H_2O + 2e^- = H_2 + 2OH^- \quad E^0 = -0.828 \tag{6-13}$$
$$2H_2O = O_2 + 4H^+ + 4e^- \quad E^0 = 1.229 \tag{6-14}$$

の二つの水分解反応がある。第一の反応は，非常に強い還元剤（$E^0 \ll -0.828$）により，還元分解される場合である。例えば，金属ナトリウムや金属カリウムが水に触れると激しく反応して発火するのはその例である。

また，第二の反応は，水が非常に強い酸化剤（$E^0 \gg 1.229$）により，酸化分解される場合に対応する。例えば F_2 と水を混合すると，F_2 は直ちに水を分解して電子を奪い，安定な F^- となる。これらの例のように，標準電極電位の数値が，極端に低い物質および極端に高い物質は，水溶液中に安定には存在することができない。物質が水溶液中で安定に存在するためには $-0.828 < E^0 < 1.229$ を満たしている必要がある。不等号の境界を少し超えるような物質はどうであろうか。化学反応にとって都合がいいことに，水の分解速度は，触媒の存在下でないかぎり，非常に遅い。そのために，この範囲を多少超える物質についても，短時間であれば水溶液中で実際に酸化還元反応を行うことができる。このことは，実験室で水がいろいろな反応の溶媒として使える理由である。

次に，金属のイオン化傾向（6・2参照）と標準電極電位の関係を調べてみよう。イオン化列は，"電子を与える強さ"が大きいものから小さいものへの順番である。一方，表6-5の標準電極電位は，"電子を奪う強さ"が小さいものから大きなものへと順に並んでいる。当然のことだが，両者の順番は一致している。イオン化列は，表6-5の標準電極電位の順序と同じである。したがってイオン化列を記憶しなくても，表6-5の電位から任意の金属を組み合わせたときのイオン化反応を推定できる。

また，イオン間の反応で起こる電子のやりとりの方向も，表5-5の数値から予測できる。例えば，酸化還元反応 $Sn^{2+} + Fe^{3+} \rightleftarrows Sn^{4+} + Fe^{2+}$ の標準起電力 E_0 を，表5-5の数値

表6-5 水溶液中における標準電極電位 E^0 (25℃)

電池反応[注1]	E^0 (V[注2] ボルト)
$K^+ + e^- = K$	-2.925
$Ca^{2+} + 2e^- = Ca$	-2.84
$Na^+ + e^- = Na$	-2.714
$Mg^{2+} + 2e^- = Mg$	-2.356
$Al^{3+} + 3e^- = Al$	-1.676
$Mn^{2+} + 2e^- = Mn$	-1.18
$Cr^{2+} + 2e^- = Cr$	-0.90
$2H_2O + 2e^- = H_2 + 2OH^-$	-0.828
$Zn^{2+} + 2e^- = Zn$	-0.7626
$Fe^{2+} + 2e^- = Fe$	-0.44
$[Cu(CN)_2]^- + e^- = Cu + 2CN^-$	-0.44
$Cr^{3+} + e^- = Cr^{2+}$	-0.424
$Co^{2+} + 2e^- = Co$	-0.277
$Ni^{2+} + 2e^- = Ni$	-0.257
$V^{3+} + e^- = V^{2+}$	-0.255
$Sn^{2+} + 2e^- = Sn$	-0.1375
$Pb^{2+} + 2e^- = Pb$	-0.1263
$H^+ + 2e^- = H_2$	0.000
$[Co(NH_3)_6]^{3+} + e^- = [Co(NH_3)_6]^{2+}$	0.058
$Sn^{4+} + 2e^- = Sn^{2+}$	0.15
$Cu^{2+} + e^- = Cu^+$	0.159
$Cu^{2+} + 2e^- = Cu$	0.340
$[Fe(CN)_6]^{3-} + e^- = [Fe(CN)_6]^{4-}$	0.361
$O_2 + 2H_2O + 4e^- = 4OH^-$	0.401
$Cu^+ + e^- = Cu$	0.520
$Fe^{3+} + e^- = Fe^{2+}$	0.771
$2Hg^{2+} + 2e^- = Hg_2^{2+}$	0.7960
$Ag^+ + e^- = Ag$	0.7991
$Cu^{2+} + 2CN^- + e^- = [Cu(CN)_2]^-$	1.103
$O_2 + 4H^+ + 4e^- = 2H_2O$	1.229
$Mn^{3+} + e^- = Mn^{2+}$	1.51
$Co^{3+} + e^- = Co^{2+}$	1.91
$F_2 (気体) + e^- = 2F^-$	2.87

注1) イオンの水和水は省略してある。
注2) データは日本化学会編,「化学便覧(改訂5版)」,丸善(2004)による。生物学での酸化還元電位は生体条件, pH7 ([H^+] = 10^{-7})を標準とし, 無機化学での標準条件とは異なる。そのため生化学では, m 個の H^+ が関与する反応の場合, $E^{0'} = E^0 - 0.207 m$ で得られる電位 $E^{0'}$ が標準電位として用いられる(ネルンストの式から導かれる)。生物学では 1/2 分子の酸素を標準にするので, 酸素の反応 $1/2 O_2 + 2H^+ + 2e^- = H_2O$ の標準酸化還元電位として, $E^0 = 1.229 - 0.207 \times 2 = 0.815$ が使われる。

から求めてみよう。鉄イオンとスズイオンの反応式を加算することで, 次のように計算できる。

$$\begin{array}{rl} 2\times(Fe^{3+}+e^-=Fe^{2+}) & E^0=0.771 \\ -)\ (Sn^{4+}+2e^-=Sn^{2+}) & E^0=0.15 \\ \hline 2Fe^{3+}-Sn^{4+}=2Fe^{2+}-Sn^{2+} & E^0=0.771-0.15 \end{array}$$

よって

$$Sn^{2+} + 2Fe^{3+} = Sn^{4+} + 2Fe^{2+} \quad E_0 = 0.62 \tag{6-15}$$

となる。標準条件([Fe^{2+}] = [Fe^{3+}] および [Sn^{2+}] = [Sn^{4+}])において，$E_0 = 0.62 > 0$ であるから，電子はスズイオンから鉄イオンに移動することになる。したがって，水溶液中で鉄(Ⅲ)がスズ(Ⅱ)を酸化することが分かる。

6・2・2や6・3・2～4で述べたように，d元素の安定なイオンの状態は条件に依存している。このd元素の特徴は，標準電極電位に反映しているはずである。そこで，配位子による標準電極電位の変化を表6-5の数値で調べてみよう。

まず，鉄イオンと銅イオンについて，配位子が水からCN^-に置き換わる場合を考察しよう。Fe^{2+}/Fe^{3+}系では，標準電極電位は，0.771から0.361に低下する。このことは，配位子が水からCN^-に置換すると，鉄イオンの電子を奪う力が弱くなり，酸化されやすくなることを示している。これに対し，Cu^+/Cu^{2+}系では，0.159から1.103に電位が高くなる。銅イオンにCN^-が配位すると，鉄イオンとは逆に，銅イオンの電子を奪う力が強くなり，還元されやすくなることが分かる。

次に，コバルトイオンの配位子がH_2OからNH_3に置き換わる場合はどうだろう。Co^{2+}/Co^{3+}系の酸化還元電位は，この配位子置換により1.91から0.058に低下する。コバルトイオンは，NH_3が配位すると酸化されやすくなる。ところで，溶液中の酸素がコバルトイオンを酸化するためには，酸素はコバルトイオンより電子を奪う力が強くなければならない。表6-5から溶液中の酸素の酸化還元反応は，$E^0 = 1.229$ である。Co^{2+}/Co^{3+}の酸化還元電位($E^0 = 1.91$)は1.229より大きいが，アンミンCo錯イオンの酸化還元電位($E^0 = 0.058$)は逆に1.229より小さい。したがって，H_2Oが配位しているコバルトイオンは溶存酸素により酸化されないが，NH_3が配位しているコバルトイオンは溶存酸素によりCo(Ⅱ)からCo(Ⅲ)に酸化されてしまうことが分かる。

6・4・5 錯体の分子構造と分子軌道

d元素の錯体では，配位子の静電場により中心金属イオンの電子軌道に変化が起こり，反応の性質やイオンの色が変わってしまうと考えた(6・3・4参照)。配位子に囲まれたときに形成される**配位子場**は，配位子の幾何学的配置に依存する。したがって，錯体の構造はd元素の性質に影響を及ぼすことになる。ここでは，錯体分子の一般的構造を説明する。

分子構造を分類する手がかりは，ポーリングにより提出された混成軌道という概念により与えられる。例えば，中心原子が炭素の分子では，混成軌道と基本構造との対応は，sp混成ならば直線型，sp^2混成ならば平面三方型，sp^3混成ならば四面体型であることを4・3・2ですでに学んだ。

一方，錯イオンの構造は，直線，平面正方，四面体，八面体など多様である(表6-6参照)。遷移金属のイオンでは，d軌道5種のほかs軌道1種とp軌道3種を加えた合計9種の軌道を使える。それらを組み合わせると数多くの混成軌道を考えることができるので，表6-6に示すように錯体構造の多様性は中心金属イオンの混成軌道を考えると合理的に説明できる※。

表 6-6 錯体の立体構造と混成軌道の対応

空間配置	模式図[注]	配位数	中心金属イオンの混成軌道	その構造をつくるイオンと錯体の例
直線		2	sp	Ag^+, Hg^{2+} $[Ag(NH_3)_2]^+$
四面体		4	sp^3	Cu^+, Zn^{2+} $[Zn(CN)_4]^{2-}$
三方両錐		5	dsp^3	Cu^{2+} $[CuCl_5]^{3-}$
八面体		6	d^2sp^3	Co^{2+}, Co^{3+}, Ni^{2+}, Fe^{2+}, Fe^{3+} $[Co(NH_3)_6]^{3+}$

注) 錯体の中心金属原子を○，配位子を●，両者間の配位結合を矢印で示す。

6・5 生物における遷移元素

6・5・1 バナジウム

表 6-7 溶液中のバナジウム化合物

酸化数	II	III	IV	V
イオン	V^{2+}	V^{3+}	VO^{2+}	VO^{3-}
水溶液の色	赤紫	緑	青紫	無色

　バナジウムは地殻中に 160 ppm ほどあり，遷移元素としては 5 番目に多い金属である。表 6-7 に示すようにバナジウム化合物はさまざまな色を示し，錯体を生成するとさらに異なった色に変化する。水溶液中では 2 価の $[V(H_2O)_6]^{2+}$ および 4 価の $[VO(H_2O)_5]^{2+}$ が安定である。生物においては，海中植物および無脊椎動物にはバナジウムを多く含むものがある。ベニテングダケには一般植物の 100 倍のバナジウム(IV)が紫色の錯化合物として存在している。またホヤ類は血液中に海水における濃度の 10,000 倍のバナジウム(III)錯化合物が見つかっている。これらのキノコやホヤにおけるバナジウムの役割は不明であるが，呼吸色素として関わっていないことはわかっている。その他のバナジウムを含むタンパク質としては，マメ科植物の根瘤に存在する細菌の窒素固定化酵素ニトロゲナーゼ，海藻において海水中の Br^- を有機物質に取り込むブロムペルオキシダーゼが知られている。また，古代にはバナジウムを豊富に含む生物がいたらしく，石油や石炭にバナジウムが含

※　混成軌道の考え方で錯体の性質のすべてが説明できるわけではない。分子軌道法という新たな考え方を取りいれた配位子場理論が必要になる場合もある。

まれている。そのため，燃料を利用した発電および暖房により，都市の大気中バナジウム濃度は高いことが知られている。高濃度のバナジウム吸入は動物にとって有毒であるため，化石燃料から排出されるバナジウム環境汚染を危惧することもあったが，最近では石炭や石油からの脱硫処置が一般化し，燃焼で放出されるバナジウムが低減されており，大気汚染に関する心配は不必要となった。

ヒトでは，大気，飲料水，および食品などから自然に摂取されるため，バナジウムの必要性ははっきりしていない。しかし，ヒヨコやラットにおいてはバナジウムが必須元素であることは示されている。メタバナジン酸イオン VO_3^- は，細胞膜に存在している Na ポンプ（7 章参照）の ATP 加水分解酵素活性を強く阻害することが示されている。一方，酸化硫酸バナジウム（Ⅳ），$VOSO_4$ を高濃度で投与すると糖尿病患者の病気が改善する症例が報告されており，医療に役立つ可能性も期待されている。最近，バナジウムを含むミネラルウォーターやサプリメントも販売されているが，これらを摂取することによる効果は検証されていない。

6・5・2 クロムとモリブデン

表6-8 3価と6価のクロム化合物

3価		6価	
塩化クロム(Ⅲ)6水和物 $CrCl_3 \cdot 6H_2O$	緑	クロム酸カリウム K_2CrO_4	黄
硫酸クロム(Ⅲ)18水和物 $[Cr(H_2O)_6]_2(SO_4)_3 \cdot 6H_2O$	紫	二クロム酸ナトリウム Na_2CrO_7	橙赤
硫酸カリウムクロム(Ⅲ)6水和物 $KCr(SO_4)_2 \cdot 12H_2O$	紫	クロム酸鉛 Pb_2CrO_7	クロムイエロー

クロムはステンレスとして鉄との合金に用いられる。HCl と徐々に反応し，熱すると速やかに溶ける。一方，HNO_3 などの酸化作用のある酸では金属表面が酸化され，鉄，コバルトおよびニッケルなどと同様に不動態を生じて反応しない。クロム化合物は表6-8で示すように，さまざまな色を示す。塩化物の水和イオンには青色の Cr^{2+} と緑色の Cr^{3+} がある。これらのうち，Cr^{2+} はすぐに空気で酸化され，Cr^{3+} に変化する。クロム化合物の酸化数については，-2 から 6 まで 0 を含めて 9 種が知られている。そのうち水溶液中では 3 価と 6 価が重要である。それらは黄色の顔料，皮なめし，繊維の染色，染料の固定，クロムメッキなどで用いられる。6 価クロムは酸性で強力な酸化剤である。二クロム酸イオンは多くの金属陽イオンと安定な塩をつくる。実験室では濃硫酸と混合してクロム酸混液とし，ガラス器具洗浄に用いられる。これは酸性においてクロム酸が強力な酸化力を示すことによる。

$$Cr_2O_7^{2-} + 14H^+ + 6e^- = 2Cr^{3+} + 7H_2O \quad E^0=1.33 \quad (6\text{-}16)$$

四面体型の CrO_4^{2-} イオンは黄色を示すが，pH6 以下では二クロム酸イオンが生成する

ために橙色に変わる。二クロム酸イオンは図のように二核錯体であり，酸素を介する橋かけ構造をもっている。

図6-10 クロム酸イオンの二核化反応

2個のクロム原子をつなぐ酸素のように，金属間に橋かけをつくる配位子は橋かけ配位子と呼ばれている。橋かけ構造は遷移元素に広く見られるもので，いろいろな多核錯体の構造を理解するために重要である。酸素以外の橋かけ配位子には，硫黄(S)，ヒドロキソ(OH)，ペルオキソ(O_2^{2-})，スーパーオキソ(O_2^-)，アミド(NH_2)，イミド(NH)，ハロゲノ(Cl，Br，I)などがある。

生物にとって高濃度のクロムは毒である。しかしながら，ごく低い濃度の場合には糖やコレステロールの代謝に不可欠な必須微量元素と推定されている。成人は毎日0.01～1.2 mgのクロムを食事から取り込んでいる。3価のクロムは体内に吸収されにくいため，過剰摂取してもその毒作用は低いが，6価クロムを摂取すると粘膜を腐食し，強い中毒が起こる。これはクロム酸が細胞表面のタンパク質に含まれるシステインと反応し，生体膜を容易に通過するためである。体内に取り込まれた6価クロムは細胞の硫黄を含むタンパク質やNADPHを酸化させ，それらの機能を失わせてしまうと考えられている。

モリブデンは，クロムと同様に主に特殊鋼の製造に利用される。モリブデンは塩酸と煮沸しても反応しないが，硝酸には溶ける。化合物は，酸化数-2から$+6$までが知られている。そのうち$+2$から$+6$までの酸化状態には多くの錯体があり，モリブデン(Ⅵ)が最も安定である。モリブデンはクロムと同族で外殻の電子配置はd^5s^1と電子配置が類似している。しかしモリブデンの化合物はクロムのものとあまり似ていない。例えば，Mo^{3+}の6配位水和イオンは酸化されやすく，ヘキサアンミン錯塩は不安定で酸素で橋かけした複雑な多量体となりやすいのに対し，Cr^{3+}の水和イオンや錯塩は安定である。またCrO_4^{2-}は強い酸化力があるのに，MoO_4^{2-}は還元されず安定である。また，MoO_4^{2-}の酸性水溶液は，縮合して多核の酸を生成しやすく，多くのヘテロポリ酸を生ずる。たとえば，モリブデン酸アンモニウム試薬によるリン酸の検出はその性質を応用したもので，生成するドデカモリブドリン酸(黄色沈殿)はヘテロポリ酸の一例である。

図6-11 ドデカモリブドリン酸$(NH_4)_2H$
$[PMo_{12}O_{40}]\cdot H_2O$の構造
(岩波理化学辞典より)

モリブデンは海水中に豊富に含まれている毒性が低い遷移元素であり，生命が誕生した当時の海にも含まれていたらしい。モリブデンは生理的な条件下で4～6価の酸化状態が安定であり，1～2個の電子移動をともなう酸化還元系を構築しやすい。このような理由からモリブデン錯体が生命反応に関与するようになったと推定されている。モリブデン酵素はすべての生物に存在しており，キサンチン酸化還元酵素，アルデヒド酸化酵素，亜硝酸還元酵素，亜硫酸酸化酵素などが知られている。これらの酵素にはモリブデンを含むモリブドプテリンが補酵素として結合しており，酵素反応に直接関与している。モリブドプテリンは，すべての生物がその生合成系を保有しており，最も起源が古い補酵素である。

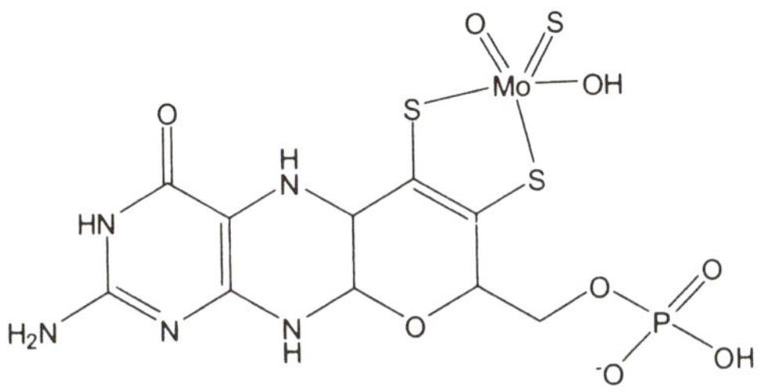

図6-12 キサンチン酸化還元酵素のモリブドプテリン

モリブデンは通常の食物に必要な量は含まれている。特に母乳や牛乳に多く含まれており，一般に欠乏症は見られない。水溶液中でMoO_4^{2-}として安定に存在し，生体内に蓄積されないため毒性は低い。例外として，反芻動物の場合はモリブデンが過剰な牧草や飼料により銅欠乏症を起こすことが知られている（6・5・7参照）。

6・5・3 マンガン

表6-9 マンガン化合物の色

	酸化数	色
過マンガン酸カリウム $KMnO_4$	Ⅶ	赤紫
マンガン酸カリウム K_2MnO_4	Ⅵ	深緑
二酸化マンガン MnO_2	Ⅳ	黒
塩化マンガン(Ⅱ)4水和物 $MnCl_2 \cdot 4H_2O$	Ⅱ	淡紅

マンガンは地球上に広く分布し12番目に多い元素であり，海底にはFe, Ni, Co, およびCuなどを含むマンガン団塊として大量に存在している。マンガンは古くから多くの用途に利用され，とくに鋼鉄生産には必須の成分である。金属は反応性に富み，多くの非金属と反応する。また希塩酸と反応して水素を発生させる。マンガン化合物の酸化数は－1から＋7まで9種の状態で存在するが，最も普通の状態は2価，4価および7価である。

MnO_2 は強烈な酸化剤で有機物，硫黄，硫化物などと加熱したり，摩擦したりすると爆発し危険である．酸化剤，マンガン鋼の製造，乾電池，陶磁器用絵具，紫色ガラスの製造，顔料，染色，電子工業などに広範な用途がある．実験室では塩酸と反応させて塩素を発生させるために用いられる．

$$MnO_2 + 4HCl \longrightarrow MnCl_2 + Cl_2 + 2H_2O \qquad (6\text{-}17)$$

過マンガン酸イオン MnO_4^- の水溶液は中性では安定であるが，濃厚溶液を強アルカリ性にすると緑色の MnO_4^{2-} イオンに変化して酸素を発生する．酸性溶液中ではきわめて強い酸化剤である．

$$MnO_4^- + 4H^+ + 3e^- = MnO_2 + 2H_2O \qquad E^0 = 1.695 \qquad (6\text{-}18)$$

また，カリウム塩を熱すると200℃で酸素を放って分解する．

$$2KMnO_4 \longrightarrow K_2MnO_4 + MnO_2 + O_2 \qquad (6\text{-}19)$$

マンガンは，微量ではあるがすべての生物細胞中に存在しており，必須金属であることは多くの動植物において確立している．植物におけるマンガンは炭水化物の分解，有機酸，窒素およびリンの代謝に関係する多くの酵素反応を活性化し，光合成にも関与している．植物の吸収するマンガンは通常は2価のイオンであり，土壌からの吸収は共存する他の遷移金属やpHによって左右される．多くの植物では乾燥重量あたり20 ppm以下になるとマンガン欠乏症になると言われており，欠乏の場合はマンガン肥料が投与される．

動物では正常な糖代謝に重要な役割を果たしている．動物におけるマンガンの特異的な生化学的役割は今のところ不明であるが，マンガン金属酵素としてミトコンドリアのピルビン酸カルボキシラーゼが知られている．また，マンガンの欠乏した動物では骨格異常が認められている．

ヒトは食物から毎日3〜7 mgのマンガンを摂取しており，欠乏症は滅多に見られない．一方，過剰摂取による中毒はマンガン鉱山や精錬工場など認められ，また，大量の廃棄マンガン乾電池で汚染した井戸水による中毒例も報告されている．最近のハイオクガソリンは鉛化合物の代わりにマンガンカルボニル化合物，MMT (methylcyclopentadienyl manganese tricarbonyl) を混合している．この化合物は超音速旅客機コンコルドの燃焼触媒に用いられたものであるが，その環境に対する影響はわかっていない．

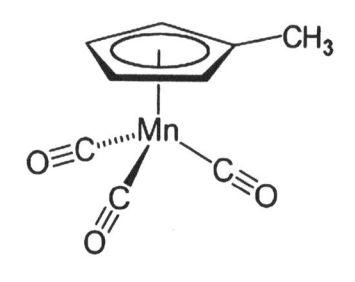

図6-13 MMTの構造

6・5・4 鉄

鉄は地殻中に広く分布し,多くの鉱物の色調は鉄の含有量に依存する。重要な鉱石には赤鉄鉱 Fe_2O_3, 磁鉄鉱 Fe_3O_4, 菱鉄鉱 $FeCO_3$ がある。鉄鉱石は石炭や石灰石などをもちいる高炉で精錬されて銑鉄となり,さらに転炉で鋼鉄が製造される。鉄は代表的な強磁性体であり磁力により分離できる。そのためリサイクルが容易であり,回収された鉄スクラップを主な原料として,電気炉で鋼鉄が作られる。

鉄には酸化数 −2 〜 +6 まで 9 種の化合物が確認されているが,通常得られるのは Fe^{2+} および Fe^{3+} のイオン性化合物である。Fe^{2+} イオンはいろいろな酸化剤と反応する。例えば,硝酸イオンと反応して一酸化窒素を発生する。また同様の反応で亜硝酸イオン NO_2^- を NO に還元する。

$$3Fe^{2+} + 4H^+ + NO_3^- \longrightarrow 3Fe^{3+} + 2H_2O + NO \quad (6\text{-}20)$$

Fe^{2+} と酸の反応は一見簡単そうに見えるが,実際は非常に複雑である。まず,酸性条件において,Fe^{2+} は酸素と次の酸化還元反応を起こす。

$$4Fe^{2+} + O_2 + 4H^+ \rightleftarrows 4Fe^{3+} + 2H_2O \quad (6\text{-}21)$$

この反応の標準電極電位は,表 6-5 から $E^0 = 1.229 - 0.771 = 0.458$ V となり,$E^0 > 0$ なので化学平衡は右辺にかたよっており,酸性が強いほど右辺に反応が進むと予想できる。従って鉄(Ⅱ)の水溶液を長時間放置すると,溶存酸素により鉄(Ⅲ)に変化し,やがて最期には不溶性の Fe_2O_3 となる。この酸化速度は大変遅いため,酸性および中性の水溶液中で短時間ならば Fe^{2+} イオンは安定に存在する。一方,塩基性条件において,平衡は左側にかたよるため,この酸化反応は起こらない。このことから Fe^{2+} イオンは塩基性水溶液中で安定であると予想できるが,実際には酸性水溶液中よりも非常に不安定なのである。その理由は,塩基性では以下に示す別の反応経路で酸化が速やかにおこることによる。水和した Fe^{2+} イオンに OH^- を加えると,まず錯イオンから配位水がとれ,イオンは電荷と水和水の一部を失って水酸化鉄の沈殿に変化する。

$$[Fe(H_2O)_6]^{2+} + 2OH^- \longrightarrow Fe(OH)_2 + 6H_2O \quad (6\text{-}22)$$

さらに $Fe(OH)_2$ は溶液中の酸素と速やかに反応を起こし,赤褐色の $Fe_2O_3 \cdot 3H_2O$, いわゆる赤サビとなる。

$$Fe(HO)_2 + O_2 + 2H_2O \longrightarrow 2Fe_2O_3 \cdot 3H_2O \quad (6\text{-}23)$$

水溶液中の Fe^{3+} イオンは次に示す平衡反応を起こすので,不均一な鉄(Ⅲ)錯イオンとなっている。

$$[Fe(H_2O)_6]^{3+} \rightleftarrows [Fe(OH)(H_2O)_5]^{2+} + H^+ \quad K = 10^{-3.05} \quad (6\text{-}24)$$

$$[Fe(OH)(H_2O)_5]^{2+} \rightleftarrows [Fe(OH)_2(H_2O)_4]^+ + H^+ \quad K = 10^{-3.26} \quad (6\text{-}25)$$

これらの反応過程は,加水分解と呼ばれる。強酸性では,反応(6-24)から予想されるように $[Fe(H_2O)_6]^{3+}$ が鉄(Ⅲ)の主成分となる。一方,塩基性では(6-24)は右辺へ平衡が移動する。$[Fe(OH)(H_2O)_5]^{2+}$ のような OH^- が配位するヒドロキソ錯体は,黄色であるため,Fe^{3+} の水溶液は,黄色に変化する。反応(6-24)で生成したモノヒドロキソ錯体は図 6-14

のように2分子間で脱水縮合を起こし，二核の鉄(Ⅲ)をもつ水和錯イオンをつくる。

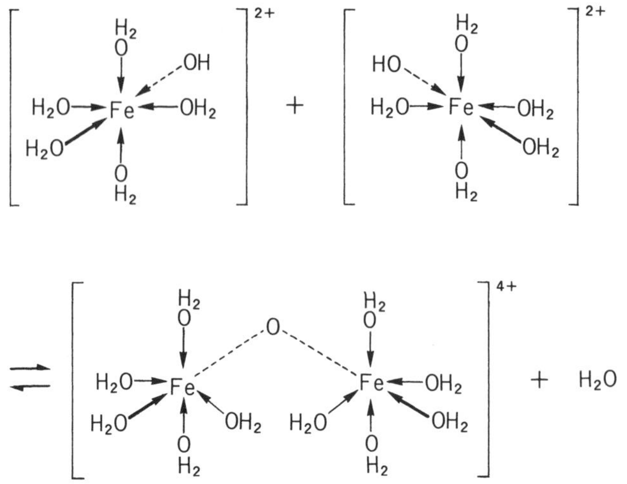

$$[\text{Fe}(H_2O)_5(OH)]^{2+} + [\text{Fe}(H_2O)_5(OH)]^{2+}$$

$$\rightleftarrows [(H_2O)_5\text{Fe-O-Fe}(H_2O)_5]^{4+} + H_2O$$

図6-14　鉄イオンの脱水縮合による多核化反応

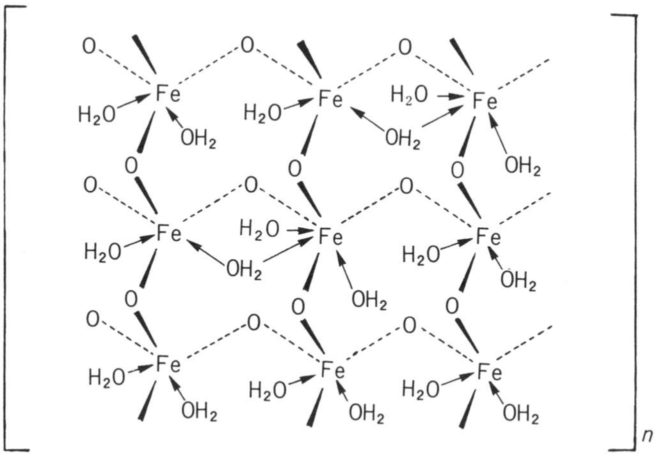

図6-15　$Fe_2O_3 \cdot nH_2O$ の構造

このような縮合反応は溶液中で次々とおこる。そのため，鉄(Ⅲ)の多核錯体が生成し，ゆっくりと水和酸化鉄(Ⅲ)のコロイドができて，しだいに赤褐色ゲル $Fe_2O_3 \cdot nH_2O$ の沈殿に変化する(図6-15)。このような多核化反応とゲル化は，鉄(Ⅲ)以外にアルミニウム(Ⅲ)やクロム(Ⅲ)などの多価金属イオン水溶液において広く認められ，そのような反応をオール化(olation)という。

ヘキサシアノ鉄(Ⅱ)酸カリウム $K_4[\text{Fe(CN)}_6]$ の水溶液では鉄(Ⅱ)の配位子である CN^- が水と置換しにくい。そのため，CN^- イオンに由来する毒性を示さない。一方，赤色のヘキサシアノ鉄(Ⅲ)酸カリウム $K_3[\text{Fe(CN)}_6]$ は水溶液中で容易に水と配位子置換を起こすため有毒である。

$$[\text{Fe}(\text{CN})_6]^{3-} + \text{H}_2\text{O} \longrightarrow [\text{Fe}(\text{CN})_5(\text{H}_2\text{O})]^{2-} + \text{CN}^- \quad (6\text{-}26)$$

　$[\text{Fe}(\text{CN})_6]^{4-}$ と Fe^{3+} の反応で生じる濃青色沈殿 $\text{Fe}_4[\text{Fe}(\text{CN})_6]_3 \cdot x\text{H}_2\text{O}$（x＝1～16）はプルシャンブルーといわれ，顔料に用いられる。これは世界で最初に発見された錯体と言われている。一方，$[\text{Fe}(\text{CN})_6]^{3-}$ と Fe^{2+} から得られる濃青色沈殿をタンブルブルーというが，プルシャンブルーと同一物質である。

　鉄の酸化還元反応の詳細は分かっていないが，鉄硫黄クラスター錯体（7・2・5 参照）を除くと，酸化還元に関与する鉄錯体はすべて八面体型構造である。配位子の組み替えは起こらず，同じ構造のままで酸化還元が起こる場合，酸化還元系間で素早い電子移動が起こると考えられる。

　鉄は一部の乳酸菌を除くすべての生物に必須であると考えられている。微生物は生存に必須な鉄(Ⅲ)を体内に取り込むために，シデロフォア（siderophore）と呼ばれる 6 配位キレート化合物を分泌している。

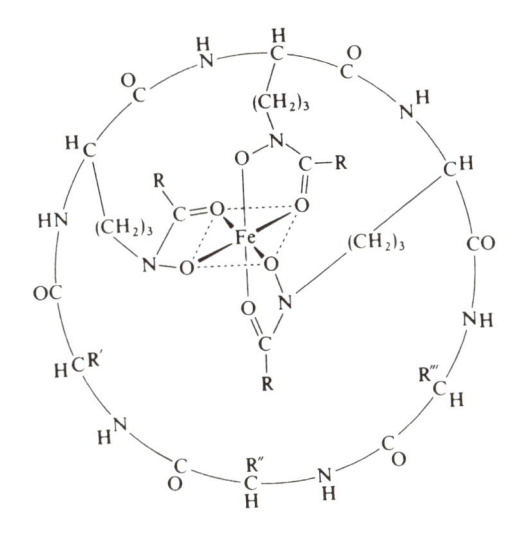

図 6-16　微生物シデロフォアの鉄錯体

　植物において鉄は葉緑素の合成に必須の成分であり，その成長に必要である。ほとんどの土壌は鉄を十分に含んでおり，植物の鉄欠乏は起こらない。しかし石灰質土壌では利用可能な鉄(Ⅲ)が不十分となり，葉が黄白化する「鉄欠乏クロロシス」という症状を示すことがある。土壌中の難溶性の鉄を吸収して利用するために，植物には二種類の鉄獲得機構がある。イネ科の植物はある種のキレート物質を根から分泌して，鉄(Ⅲ)を水に溶けるキレート化合物の錯体として吸収している。また，鉄欠乏耐性のダイズやトマトは根から還元物質を土壌に放出し，鉄(Ⅲ)を溶けやすい鉄(Ⅱ)に変化させている。

　動物において，鉄錯体は酸素結合，電子伝達，および酵素反応に使われている。脊椎動物は酸素を運ぶ大量のヘモグロビンを利用しており，単位重量あたりの鉄の必要量は下等

動物に比べて 2 桁も高い。人体の鉄の約 70％は赤血球のヘモグロビン，筋肉のミオグロビン，およびチトクロームやカタラーゼなどにヘム鉄として結合している。残りの大部分は非ヘム鉄として肝臓，脾臓，骨髄中に可溶性のフェリチンや不溶性のヘモシデリンなどに貯えられる。何らかの要因で過剰の鉄が体内に取り込まれると，フェリチンよりもヘモシデリンが増加し，臓器に障害を起こすことがある。

6・5・5 コバルト

コバルトは，鉱石ではニッケルとともに存在し，ヒ素とも共存することが多い。コバルト化合物には，酸化数 −1 から 4 まで 6 種が知られているが，普通は 2 価または 3 価の状態で存在する。そのうち，塩化コバルト(Ⅱ) 6 水和物 $[Co(H_2O)_6]Cl_2$ はピンク色で，水を失うと深青色の $Co[CoCl_4]$ に変化する。この性質は水分指示薬として利用され，シリカゲルなどの乾燥剤にコバルト(Ⅱ)が混合されている。

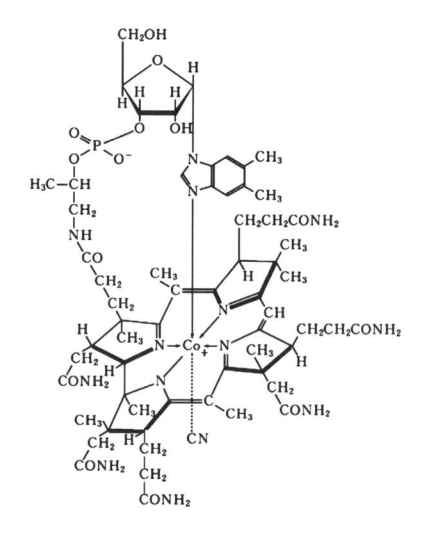

図 6-17　ビタミン B_{12} におけるコバルト錯体

コバルトの生物学的機能は，ビタミンの吸収不良に起因する悪性貧血の研究で明らかになった。この疾病の治療に用いられる物質はコバルト錯塩であり，肝臓からシアノコバラミンとして精製され，ビタミン B_{12} と命名された(図 6-17)。CN のところが CH_3（メチル基）である炭素結合型のコバラミンは補酵素として機能しており，生物で発見された最初の有機金属化合物である。高等生物に存在しているコバラミンは微生物由来であると考えられている。

6・5・6 ニッケル

ニッケルは常温ではさびにくいので，メッキに利用される。また，合金としてステンレス鋼，硬貨および電熱器のニクロム線に用いられている。さらにニッケルの細かい粉末は

大量の水素を吸着するので，水素が関与する化学反応の触媒に使われる。以前は充電再利用可能なニッケル−カドミウム乾電池として用いられたが，含有するカドミウムが有害であり，廃棄時に環境へ悪影響を与える問題があることから，ニッケル水素蓄電池への転換が進められている。ニッケル水素蓄電池は，リチウムイオン電池より電気容量は少ないが，安全性は高いのでハイブリッドカーに使われている。

生物におけるニッケルの重要性はニワトリ雛やラットで報告されている。ヒトでは血清中には恒常的濃度のニッケルが存在しており，必須栄養成分と推定されている。

ニッケルを含むタンパク質としては，グルコース-6-リン酸脱水素酵素や，一部のデヒドロゲナーゼがある。また，細菌，植物，一部の脊椎動物に見られるウレアーゼもニッケル酵素である。細菌のウレアーゼでは，図のようにニッケルが活性部位を構成することが明らかになっている。

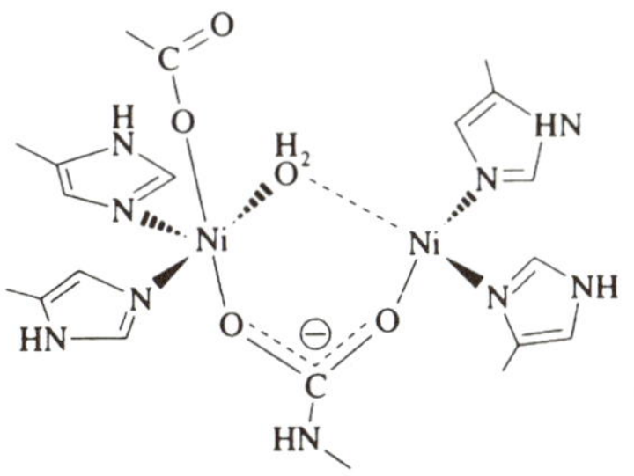

図6-18 細菌ウレアーゼにおけるニッケル錯体

ニッケルおよびニッケル塩を動物に経口的に投与した場合の毒性は低い。しかし，ニッケルは強い抗原性を示すことがあり，激しい免疫反応が起こるとアレルギーを生じて，ヒト慢性皮膚炎の原因となる場合がある。

6・5・7 銅

銅は，古来「あかがね」と呼ばれ，黄金とともに代表的な金属である。天然に自然銅としても産し，製錬法が比較的簡単であり古代から合金として使用されてきた。銅とスズから青銅，銅と亜鉛から黄銅などが作られる。延性，展性に富み，熱伝導率は銀に次いで大きい。また電気伝導率は金よりも大きく，電線として大量に使われている。強熱すると酸素と反応して酸化銅(II)CuOとなり，さらに1,000℃以上では酸化銅(I)Cu_2Oを生成する。

$$2Cu + O_2 \longrightarrow 2CuO \tag{6-27}$$

$$4CuO \longrightarrow 2Cu_2O + O_2 \tag{6-28}$$

金属の銅は超伝導体にはならない。しかし，酸化イットリウムY_2O_3，炭酸バリウム$BaCO_3$および酸化銅CuO(II)を1：4：6の割合で焼き固め，液体窒素で冷却すると超伝導現象を示すことが発見され，BaYCuO系超伝導体の応用が期待されている。

銅は硝酸には溶けるが，酸素がないと塩酸には溶けない．水溶液中のイオンとしてはCu^+およびCu^{2+}がある（6・2・1参照）．水和したCu^+/Cu^{2+}系の酸化還元電位（E^0 = 0.159）は，酸素の酸化還元電位よりかなり低いので，Cu^{2+}の方が安定である．Cu^{2+}を含む淡青色の水溶液に少量のアンモニア水を加えて塩基性にすると，水酸化銅の青白色沈殿を生じる．この沈殿に，さらに過剰のアンモニア水を加えると錯イオンを生じて沈殿が溶け，深青色の水溶液に変化する．

$$3Cu(OH)_2 + 4NH_3^+ + 2H_2O \longrightarrow [Cu(NH_3)_4(H_2O)_2]^{2+} + OH^- \qquad (6\text{-}29)$$

銅は生体に必須な元素であるが，その理由は酸素を利用する生物にとって重要なオキシダーゼ活性に銅が必須だからである．大腸菌などにはアズリンという銅タンパク質が存在し，シトクロムcの電子伝達を媒介している．さらに「ブルー銅タンパク質」であるプラストシアニンは，光合成において重要な役割を持っている（7・2・5参照）．また，動植物やカビのミトコンドリアでは，銅を活性中心に含むシトクロムcオキシダーゼが酸素の水への還元とH^+の輸送を担っている．一方，嫌気性菌である脱窒細菌の硝酸呼吸では，活性中心に銅を含む亜硝酸還元酵素が亜硝酸を1電子還元し，一酸化窒素に変換する．

$$NO_2^- + 2H^+ \longrightarrow NO + H_2O \qquad (6\text{-}30)$$

その他のタンパク質で活性に銅が必須なものには，細菌や動植物のスーパーオキシドジスムターゼ（4・5・2(b)および7・4・2参照），アミン酸化酵素およびチロシナーゼなどがある．また，軟体動物や昆虫の血液の銅タンパク質であるヘモシアニンは，酸素運搬体として機能している

細菌，単細胞生物および軟体動物は過剰な銅に敏感であり，銅化合物は殺菌剤として使われる．また，住血吸虫症などの寄生虫を防ぐため，中間宿主の貝類を駆除するのに用いられる．反芻動物では銅濃度がわずか20〜50 ppmであっても障害が起こり，特にヒツジでは銅中毒となる．これは第一胃（反芻胃）における単細胞生物による発酵が阻害され，消化不良となるためである．

6・5・8 亜鉛とカドミウム

天然の亜鉛はほとんどZnSとして存在しており，カドミウムは亜鉛鉱から亜鉛を取りだすときの副産物として得られている．ZnおよびCdの特徴は，外殻d軌道が10個の電子で完全に満たされた状態の2価の陽イオンになることである．亜鉛は天然には比較的少量しか存在しないが，鉱石からの抽出は比較的容易で黄銅，トタンおよび金型鋳造などに使われている．酸化亜鉛ZnOは亜鉛華とも呼ばれ，白色顔料や軟膏に利用されている．そのほか，蛍光体，ゴム添加剤，セラミックスのうわぐすり，防かび剤などに使われる．一方，カドミウムは，鉄製品へのめっき材料，ニッケル-カドミウム電池，半導体，軸受合金などに用いられる．また硫化カドミウムCdSはカドミウムイエロー，カドミウムレッドとして顔料とされる．

植物代謝における亜鉛の役割は藻類で明らかとなっている．陸生植物では亜鉛が欠乏す

ると白化，萎縮，組織壊死といった症状になる。作物の亜鉛欠乏症は，果樹やクルミなどで発見され，現在は農作物の成長を改善するために亜鉛を含んだ化学肥料が使用されている。

動物では，骨，皮膚，毛，および味蕾細胞などに亜鉛が含まれている。また，体内に貯蔵可能な亜鉛はごく僅かなので，常に食物から亜鉛を摂取する必要がある。ヒト血清中には 0.02 M と海水に比べ約 200 倍の濃度の亜鉛が存在し，必須元素であることが確認されている。

亜鉛タンパク質は，細菌からヒトに至るまで数多く見つかっている。それらは，DNA結合タンパク質（7章でふれる）と触媒タンパク質の二種に分類することができる。触媒タンパク質としては，炭酸脱水酵素，カルボキシペプチダーゼ，フォスファターゼなどがある。重要なホルモンであるインスリンに亜鉛が結合すると結晶化して安定する。

一般に，亜鉛タンパク質における配位子は，グルタミン酸やアスパラギン酸のカルボキシル基，イミダゾールの窒素，およびシステインの SH 基である。

亜鉛とカドミウムの化学的性質は似ているが，生物での代謝には大きな違いがある。亜鉛は比較的速やかに体外に排泄されるが，カドミウムは排泄され難い。したがって亜鉛は毒性が低いが，カドミウムは体内に蓄積されるので中毒を起こすと推定されている。日本では亜鉛鉱山の廃水に含まれていたカドミウムで農作物が汚染し，それを常食した人々が「イタイイタイ病」を発症している。カドミウムは，メタロチオネインというシステインを非常に多く含むタンパク質に蓄積されることがわかっている。メタロチオネインは d 軌道が 10 個の電子で満たされた金属（Zn^{2+}，Cu^+，Cd^{2+}，Pb^{2+}，Ag^+，Hg^{2+}，および Bi^{2+}）を結合することができることから，微量必須元素の恒常性維持や重金属元素の解毒の役割を果たしていると考えられている。

参考図書
1) コットン・ウィルキンソン・ガウス共著，中原勝儼訳，「基礎無機化学（原書第 3 版）」，倍風館（1998）
2) F. A. Cotton, G. Wilkinson, C. A. Murillo, and M. Bochmann, "Advanced Inorganic Chemistry (Sixth Edition)", JohnWiley & Sons (1999)
3) オルゲール著，小林宏訳，「遷移元素の化学」―配位子場の理論―，岩波書店（1968）
4) 桜井宏編，「元素 111 の新知識」，講談社ブルーバックス（1997）
5) National Research Council 編，木村正巳・和田攻監訳，「環境汚染物質の生体への影響」，東京化学同人（1977-1986）

◆ **練習問題** ◆

1　硝酸銀水溶液に銅片を浸すと，銅の表面色および水溶液の色が変化する。
　(a) 変化をイオン化傾向に関連づけて説明せよ。
　(b) 色の変化の理由を説明し，反応をイオン式で示せ。
　(c) 酸化された原子，還元された原子を記せ。

2 3章の練習問題 **7** で考えたように，Na は原子炉の冷却剤に使われる。Na の融点は 97.8℃，沸点は 883℃ である。25℃における金属 Na の結合エネルギー（J·mol^{-1}）を推定せよ。ただし，Na の融解熱は 2.63 kJ·mol^{-1}，蒸発熱は 89.1 kJ·mol^{-1} とする。また，Na の比熱は固体では 28.2 J·mol^{-1}·deg^{-1}，液体では 30.0 J·mol^{-1}，気体では 20.1 J·mol^{-1} とする。

3 次の錯体の配位数と，中心金属原子の外殻 d 電子数を記せ。また中心金属原子は何価のイオンか記せ。

(a) $[Co(CO_3)_3]^{3-}$
(b) $[Cr(en)_3]^{3+}$
(c) $[Cu(NH_3)_4]^{2+}$
(d) $K_2[Ni(CN)_4]$
(e) $[Co(C_2O_4)_2Cl_2]^{3-}$
(f) $[Co(en)_2Cl_2]Cl$

4 一般に同一金属イオンが同じ配位数の錯体を形成するときその安定性は配位子場の強さに依存する。次の錯体の組み合わせにおいてどちらがより安定か推定せよ。

(a) $[Fe(NH_3)_6]^{2+}$, $[Fe(CN)_6]^{4-}$
(b) $[Co(NH_3)_6]^{3+}$, $[CoCl_6]^{3-}$
(c) $[Co(NH_3)_6]^{3+}$, $[Co(en)_3]^{3+}$
(d) $[Cu(en)_2(H_2O)_2]^{2+}$, $[Cu(NH_3)_4(H_2O)_2]^{2+}$

5 配位子をもたない遊離の遷移元素イオンの d 軌道は，図に示す dz^2, dx^2-y^2, dyz, dxy, dzx の五つの軌道が同じエネルギー準位となっている。次の (a)～(c) の問で正八面体型錯体（配位数6）における d 軌道について考察してみよ。

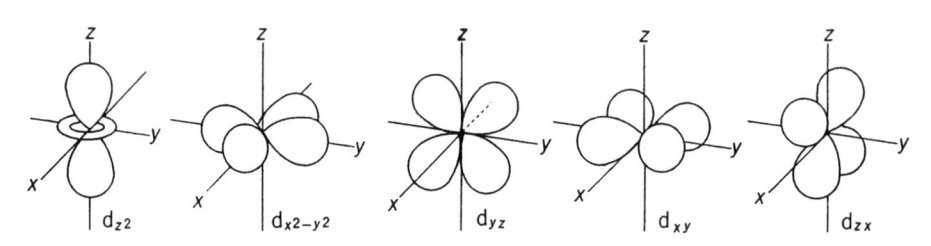

(a) 配位子を球で示した時，中心に位置する遷移元素の五つの d 軌道電子と六つの配位子の立体的位置関係を図で示せ。
(b) 錯体中の五つの d 軌道のエネルギー準位は，d 電子とそれを囲む配位子の電子の静電的反発のため二つのグループに分裂する。どのような分裂になるかを立体配置から推定せよ。
(c) $[Fe(H_2O)_6]^{2+}$ は大きな磁気モーメントを示すのに対し，$[Fe(CN)_6]^{4-}$ の磁気モーメントは小さい。これらの磁気的性質を d 軌道のエネルギー準位と d 電子の配置におけるスピンに基づいて論じなさい。ただし，d 軌道が配位子により分裂するエネルギーは配位子の分光化学系列の順に大きくなり，磁気モーメントは d 電子のスピンの総和に比例すると仮定せよ。

6 　次の酸化還元電位から鉛蓄電池の起電力を計算せよ。

$PbSO_4 + 2e^- = Pb + SO_4^{2-}$ 　　　　　　　　　　$E = -0.358$

$PbO_2 + 4H^+ + SO_4^{2-} + 2e^- = PbSO_4 + 2H_2O$ 　　　$E = 1.455$

7章 生命現象と金属元素

　無機化学という名前は，生命現象とは無縁の物質についての化学といった印象を与えやすい。しかし，前の章までの内容の随所でふれられているように，無機化合物は生命現象に必須のエネルギー代謝—エネルギーのやりくり—をはじめとして，生体内の化学反応の進行とバランスの維持等きわめて重要な役割を演じている。この章では，無機化合物が関わる生命現象に的を絞り，無機化合物が生命現象に果たしている役割のうちから最も基本的なことを中心に，最近話題になっていることもおりまぜながら学ぶ。生命現象の骨格構造となり，その本質ともいえるタンパク質分子の機能が，身近なありふれた金属元素により調節されていることを知ってほしい。

7・1　細胞膜を隔てたイオン濃度のバランス

7・1・1　細胞の内外でイオンの分布は異なる

　生命は，水—海水—の中で誕生したと考えられている。それは，我々の体を構成する**体液**や**細胞内液のイオン組成**が，**海水のイオン組成**によく似ていることから想像できることである。表7-1に生体を構成する水溶液と海水のイオン組成の分析結果を示した。ヒトの血清や哺乳動物骨格筋の細胞外液，イカの神経細胞外液など細胞膜の外側にある水溶液は，いずれも $[K^+]$ に比べて $[Na^+]$ が高く海水のイオン組成とよく似ている。血清以外のヒトの体液でもリンパ液，脳脊髄液，関節液，涙等のイオン組成は血清のものとよく似ている。これに対して，細胞内部の水溶液はかなり異なった組成を示す。細胞外とは逆に $[Na^+]$ に比べて $[K^+]$ が高いこと，$[Cl^-]$ が低いこと，中でも $[Ca^{2+}]$ は細胞外濃度の1%以下になっていることに気がつくだろう。生命が誕生するときにできた外界との隔壁（**細胞膜**）は，**脂質二重層**からできていて，イオンを自由に通過させない（図7-1）。これは，一度できあがったイオンの濃度差を維持し続けるのに好都合である。生物（細胞）は，基本的にはこの無機イオン濃度差を維持し利用する方向で，これを巧みに調節しながら生命活動を保持し発展させてきた。この濃度差は，イオンの通路として細胞膜に組み込まれた2種類のタンパク質，**イオンチャネル**と**イオンポンプ**の働きを調節することによって維

表 7-1　生体を構成する水溶液と海水のイオン組成(mM)の比較

イオン	哺乳類の骨格筋		ヒト血液		イカ神経細胞		海水
	細胞内	細胞外	赤血球	血清	細胞内	細胞外	
K^+	155	4	92.6	3.6〜4.7	400	10	9.5
Na^+	12	145	8.3	142	50	460	458
Mg^{2+}	31[1)]	1.5	3.1	1.7	10	54	51
Ca^{2+}	〜0	2.5	< 0.01	1.2〜1.4	0.4	10	10
Cl^-	4[2)]	120	78	99〜109	40〜100	540	519

1) ここに示したのは全濃度に当たる値で，遊離 Mg^{2+} 濃度はこの 1/10 位である．
2) 細胞内にはほかにも多数の陰イオン（リン酸イオン，炭酸水素イオン，タンパク質，核酸など）があり電気的中性が保たれている．

持されている．

7・1・2　イオンポンプとイオンチャネル

細胞膜には，イオンチャネルとイオンポンプが埋め込まれていて，これの働きにより細胞内の各種イオンの濃度は一定に保たれている．イオンチャネルやイオンポンプは，数百から千数百分子のアミノ酸が集まって（縮合して）できたタンパク質分子である．Na^+，K^+，Ca^{2+}，および Cl^- をそれぞれ選択的に通過させる Na^+ チャネル，K^+ チャネル，Ca^{2+} チャネル，および Cl^- チャネルが代表的なイオンチャネルとして知られている．Na^+ ポンプや Ca^{2+} ポンプが代表的なイオンポンプである．これらのタンパク質は細胞膜を貫通していて，膜の両側（細胞質側と細胞外液側）の水溶液と接触している．代表的な例として，Na^+ と Ca^{2+} の濃度を調節するチャネルとポンプの配置を図 7-1 に模式的に示した．

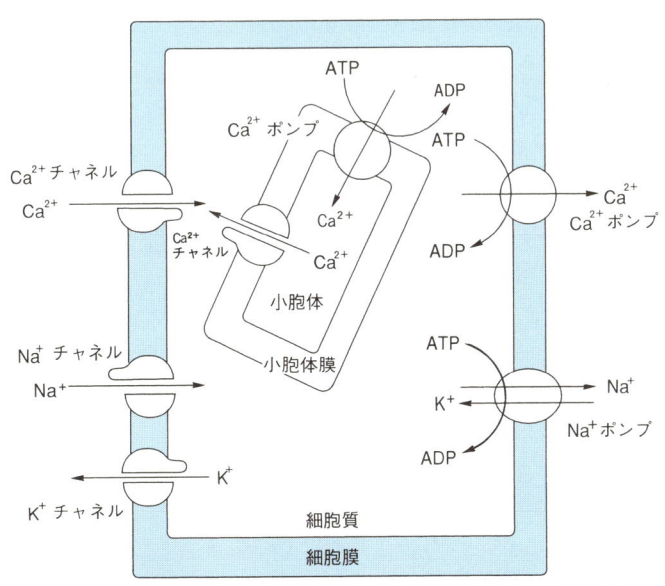

図 7-1　細胞内の [Na^+] と [Ca^{2+}] を一定に保つ調節システム

Ca^{2+} 小胞体は細胞内小器官（オルガネラ）の一つで，細胞内の Ca^{2+} 貯蔵庫である．小胞体膜は，細胞膜と同様に脂質二重層からできているので，たいていの極性分子は通過できない．イオンチャネル，イオンポンプがイオンの通路になる．Na^+ チャネルは神経などの興奮性細胞にある．

細胞外の［Na^+］は細胞内に比べて高いので細胞膜に穴―通り道・水路―があれば濃度の高い外側から内側に向かって流れ込むはずであり，この通路にあたるNa^+チャネルは通常は閉じられている。なにかの刺激でNa^+チャネルが一時的に開くと，Na^+は細胞内に流れ込み，細胞内［Na^+］が一時的に増加する。このような［Na^+］の増加は一時的ではあっても細胞にとっては異常な状態であり，このNa^+を使った化学反応が起こる。これを元に戻すためにNa^+ポンプが働く。Na^+ポンプは，細胞内［Na^+］の増加を敏感に感じとり，もとと同じ濃度に達するまで濃度差に逆らってNa^+を細胞外に運び出す。濃度差にうちかってNa^+を運び出すためにはエネルギーが必要であり，Na^+ポンプにはこの仕事のためにエネルギーを使う仕組みが備わっている。細胞内のエネルギー源については後で述べる。

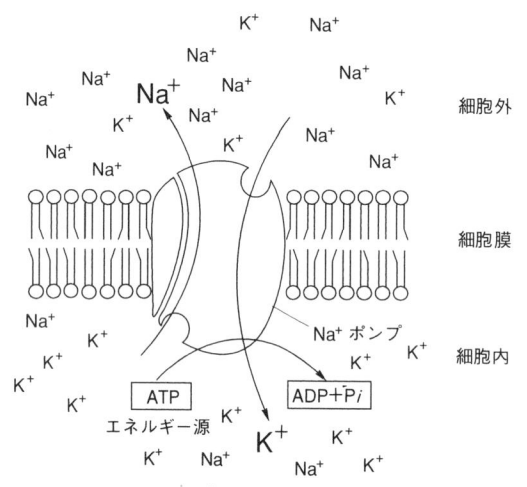

図7-2　Na^+ポンプの構造の模式図

Na^+ポンプは，ATPがもっているエネルギーを使って，細胞内のNa^+を細胞外に放出し細胞内の［Na^+］を低く保つ。Na^+を放出する過程でK^+を細胞内に取り込むので，［K^+］の維持にも働く。

　Na^+ポンプは，Na^+を細胞外に出すと同時にK^+を濃度勾配に逆らって細胞内に取り入れるので，［K^+］の調節も同時にしている（図7-2）。［Ca^{2+}］を一定に保つCa^{2+}チャネルと，Ca^{2+}ポンプについても同じ仕組みではたらいていると理解してよい。Ca^{2+}の場合は，細胞質内に細胞膜とよく似た脂質二重層（小胞体膜）で仕切られた袋状の貯蔵庫（小胞体とよばれる）がある。この**小胞体膜**にもチャネルとポンプが組み込まれているので，［Ca^{2+}］の調節はより短時間で行われる（図7-1）。

　細胞内の［Na^+］や［Ca^{2+}］は通常低く保たれているので，細胞内の化学反応系―生命現象の本質である―もこの条件のもとで進行している。なにかのきっかけで一時的にイオンチャネルが開き，細胞内の［Na^+］あるいは［Ca^{2+}］が急上昇すると，細胞内の化学反応系が大きな影響を受けるということは容易に想像できる。実際に，生物は，イオンチャネルの開閉を巧みに調節しており，細胞内［Na^+］あるいは［Ca^{2+}］を一時的に急上

昇させることにより細胞内化学反応系を切り換え，ダイナミックな環境変化に迅速に応答している。

ここでとりあげただけでも，3種類のイオンが，4種類のタンパク質により識別されていることがわかった。3章で述べたように，s元素の陽イオンは，それぞれ固有のイオン半径と電荷をもっている。タンパク質分子は，それぞれのイオンの特性にフィットした専用の通路または結合部位をもっており，それがこれらのイオンの識別機構になっていると考えられる。近年，K^+チャネルやCl^-チャネル，Ca^{2+}ポンプやNa^+ポンプの分子構造が明らかになり，これらのイオンチャネルやイオンポンプタンパク質が，イオンを識別するための詳細な機構が提案されている。

タンパク質は多数のアミノ酸がつながってできた分子

生命の基本的な単位は細胞である。細胞の中—細胞膜によって隔離された水溶液—には，いろいろな化学物質が濃縮されている。これらの物質は，無数の化学反応により，たえず相互に変換されながらバランスを保っている。生命のいとなみは，これらの無数の化学反応のネットワークを精巧に制御することで継続している。それは，人間がつくりあげた，単一の化学物質を能率よく合成する化学工場の制御システムとはレベルの異なる，総合制御システムというべきものになっている。タンパク質は，このシステムを動かし，生命活動を支えるための必須のパーツである。

酵素は，細胞内の化学反応速度を高める触媒の働きをもつタンパク質であり，多くのタンパク質のなかでも最もよく知られた仲間である。タンパク質は，細胞内の無数の酵素をネットワークに組みこみ，無駄のない生産と利用を実現する制御因子としても重要な役割をもっている。細胞が形を変えたり，動きまわるのにもタンパク質はなくてはならないものである。核酸の構造に刻まれた遺伝情報は生命の設計図であるが，設計図にしたがって細胞を組み立てるのもタンパク質の役割なのである。

タンパク質分子は，アミノ酸分子から水分子が取り除かれて重合した高分子化合物である。アミノ酸は，メタン（CH_4）の四つの水素原子（H）のうちの二つが，アミノ基とカルボキシル基で置き換わったものである（図a）。残り二つのHのうちの一つは，いろいろな構造をした置換基で置き換わっている。

(a) アミノ酸の構造

アミノ酸　　メタン　　グリシン

(b)

親水性アミノ酸		記号	側鎖(R)の構造	疎水性アミノ酸	記号	側鎖(R)の構造
負電荷をもつもの	アスパラギン酸	Asp	$-CH_2-COO^-$	アラニン	Ala	$-CH_3$
	グルタミン酸	Glu	$-CH_2CH_2COO^-$	バリン	Val	$-CH(CH_3)_2$
正電荷をもつもの	リシン	Lys	$-CH_2CH_2CH_2CH_2NH_3^+$	ロイシン	Leu	$-CH_2CH(CH_3)_2$
	アルギニン	Arg	$-CH_2CH_2CH_2NH-C(=NH_2^+)NH_2$	イソロイシン	Ile	$-CH(CH_3)CH_2CH_3$
				メチオニン	Met	$-CH_2CH_2SCH_3$
電荷をもたないもの	ヒスチジン	His	$-CH_2-$(imidazole)	フェニルアラニン	Phe	$-CH_2-C_6H_5$
	システイン	Cys	$-CH_2SH$	トリプトファン	Trp	$-CH_2-$(indole)
	セリン	Ser	$-CH_2OH$			
	トレオニン	Thr	$-CH(OH)CH_3$			
	アスパラギン	Asn	$-CH_2-C(=O)NH_2$	プロリン	Pro	(pyrrolidine)
	グルタミン	Gln	$-CH_2CH_2-C(=O)NH_2$			
	チロシン	Tyr	$-CH_2-C_6H_4-OH$	グリシン	Gly	$-H$

(c) タンパク質は，多数のアミノ酸がペプチド結合でつながった鎖（ポリペプチド）である．

$$H_3\overset{\oplus}{N}-\underset{R_1}{CH}-COO^{\ominus} + H_3\overset{\oplus}{N}-\underset{R_2}{CH}-COO^{\ominus} + H_3\overset{\oplus}{N}-\underset{R_3}{CH}-COO^{\ominus} + \cdots + H_3\overset{\oplus}{N}-\underset{R_{n+1}}{CH}-COO^{\ominus}$$

縮合 $(-nH_2O)$ ⇅ $(+nH_2O)$ 加水分解

$$H_3\overset{\oplus}{N}-\underset{R_1}{CH}-\boxed{\underset{O}{C}-\underset{H}{N}}-\underset{R_2}{CH}-\boxed{\underset{O}{C}-\underset{H}{N}}-\underset{R_3}{CH}-\boxed{\underset{O}{C}-\underset{H}{N}}-\underset{R_{n+1}}{CH}-COO^{\ominus}$$

アミノ末端　ペプチド結合　　　　　　　　カルボキシル末端

(d) ポリペプチド鎖が折たたまれ，一定の立体構造ができるとタンパク質としての機能をもつ

折りたたみ ⇅ 変性

この部分の構造の違いによって，自然界にはおよそ20種類のアミノ酸が存在する(図b)。側鎖とよばれるこの置換基の性質により，水に溶けやすい(親水性)，あるいは水に溶けにくい(疎水性)というようなアミノ酸の性質が決まる。タンパク質は，多数のアミノ酸がペプチド結合でつながったポリペプチド鎖である(図c)。構成するアミノ酸の数と，アミノ酸の並び方の違いによっていろいろな種類のタンパク質分子ができるが，一つの特定のタンパク質分子を構成するアミノ酸の総数と，そのつながりの順序(アミノ酸配列)は一定である。このように，タンパク質分子の基本的な化学構造は，アミノ酸が直線的につながったものであるが，生体内で機能しているタンパク質分子は，この線状の重合体が糸まり状に折りたたまれた構造をしている(図7-8参照)。一つのアミノ酸配列でもいろいろな折りたたまれ方が可能であるが，細胞内ではこのうちの1種類の折りたたまれ方だけがみとめられ，そのタンパク質分子の機能に結びついている。アミノ酸の並び方と，側鎖の性質が個々のタンパク質分子の立体構造を決め，機能をきめている。

7・1・3 細胞内イオン濃度と浸透圧の調節

それでは，このような細胞内外のイオン濃度差はなぜ生じるのだろうか。一般に，細胞質には細胞外に比べて負電荷を持つ有機分子が多い。これらは，細胞膜を通り抜けて細胞外に出ることはできないので，細胞内にはそれを中和して電気的中性を保つために陽イオンが多数ある(表7-1)。仮に，このような状態にある細胞を水の中に入れるとどんなことが起きるだろうか。細胞膜で隔てられた両側でのイオンの濃度差をなくそうとして，イオンの移動が起きるはずである。イオンが細胞膜を通り抜ける速度は，水分子に比べると圧倒的に小さいので，まず水分子が細胞内に流入してくる。つまり，細胞内に水を引き込む方向の**浸透圧勾配**ができているので，このままでは細胞の体積は大きくなり，ついには破裂してしまうことになる。生体内でも，これほど顕著な差ではないけれども，細胞外液に比べて細胞質側の方の塩濃度が高くなる傾向が強い。動物細胞では，細胞外の Na^+ や Cl^- の濃度を高く保って，逆方向の浸透圧勾配をつくることでこの浸透圧が相殺されている(表7-1)。このため，Na^+ は大きな濃度勾配にしたがって細胞内に流入する傾向が強い。Na^+ ポンプは，流入する Na^+ を排出することで浸透圧を維持している。これと同様に考えると，Cl^- も細胞内に流入すると予想されるが，動物細胞では，細胞外に比べて細胞質のほうが相対的な陰イオン濃度が高くなっているために，Cl^- は細胞質に流入することを妨げられている。このように，細胞内外のイオン濃度差は，細胞の浸透圧調節に重要な役割を持っている。

7・1・4 イオンチャネルと神経

神経細胞内を情報が伝わる過程では，神経細胞膜内外のイオン濃度変化が重要な役割をもっている。1つの**神経細胞**に伝わった情報は，その細胞からのびる**軸索**とよばれる長いケーブルを通って，遠く隔たった別の神経細胞に伝わる(図7-3)。情報が迅速に伝達され

る過程の基礎になっているのは，細胞内外でのイオン濃度差である。軸索部分の細胞膜にある二つのイオンチャネル，Na^+チャネルとK^+チャネルを交互に開閉することで，膜内外での微小なイオン濃度変化が生じる。これは，膜電位変化としてとらえられ，電気信号になって軸索中を伝わる（図7-3）。ここでは，簡単に理解するためにNa^+チャネルの開閉のみを考える。軸索部分の細胞膜には多数のNa^+チャネルが組み込まれている。軸索上のある1点で刺激を受けると，その位置に近接するNa^+チャネルが一時的に開き，外液からNa^+が流入する。この局部的なNa^+濃度の上昇により，膜電位が局部的に変化する。この膜電位変化がシグナルとなって，隣接するNa^+チャネルが一時的に開き，それに伴う局部的なNa^+濃度の上昇により，その部分の膜電位が変化する。引き続き，さらに隣接するNa^+チャネルが開く。このような連続的な反応の結果，神経情報は**膜電位変化**という電気シグナルとして軸索の末端まで届くのである。一連の過程で，細胞内[Na^+]はNa^+チャネル近辺で局部的に上昇するが，Na^+ポンプの働きで回復する。

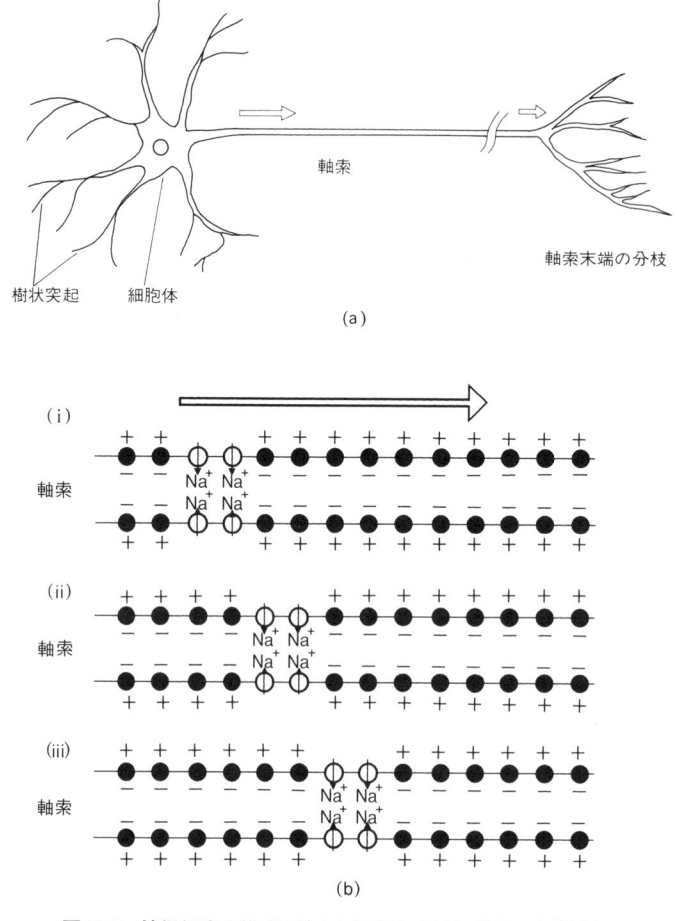

図7-3　神経細胞の模式図(a)と軸索内の電気信号の伝播(b)
⇨は信号の伝わる方向を示す。軸索の細胞膜の一部で刺激を受けると，その部位のNa^+チャネル（●）が一時的に開き（○），Na^+が流れ込む。これが引き金となって，隣接する部位のNa^+チャネルが順に一時的に開くことで電気信号が伝わる（i→ii→iii）。

軸索の末端に届いた情報が，隣接する神経細胞に伝わる過程では，全く別の仕組みがはたらいている。隣り合う細胞の間には極めて短い間隙がある。その間隙を，**神経伝達物質**と呼ばれる特別な小さな分子が拡散して情報の受け渡しが行われる。軸索の末端に電気シグナルが届くと，そこから隣の細胞との間の短い間隙に向けてこの小さな分子・伝達物質 (**化学トランスミッターとよばれる**)が放出される。これが拡散して隣の神経細胞の**受容体**(**レセプター**)に達して結合すると，これが陽イオンチャネルとしてはたらく。これによって生じた局部的なイオン濃度変化が引き金になり，この細胞でも一連の膜電位変化が起きて情報が伝わる。化学トランスミッター分子としてアセチルコリンやグルタミン酸，セロトニンが知られている。

7・2　生命活動とエネルギー

7・2・1　細胞が使えるエネルギー

生物が生きるためには，エネルギーが必要である。新しい細胞が生まれて成長し，やがて次の世代の細胞がつくられる。生命現象は，これの繰り返しである。この中の，成長を例にあげて考えてみよう。細胞が成長するためには，脂質二重層(細胞膜)で囲まれた細胞質内に，外界から栄養物を取り入れなければならない。これを使って，成長に必要な物質を生産しなければならない。また老廃物を細胞外に排出しなければならない。これらすべての過程に，エネルギーが必要である。細胞は，いくつかのやり方で細胞外からエネルギー，またはエネルギー源を取り入れることができる。エネルギーのタイプには，光，電気，熱等いろいろあるが，細胞が仕事に使えるエネルギーのタイプは**化学エネルギー**に限られている。

細胞は，基本的には化学反応を組み合わせて仕事をするので，化学反応をひき起こすためのエネルギーが必要になる。細胞の標準的な生活環境は，25℃前後，1気圧という定温定圧条件なので，化学反応のエネルギー変化 —**自由エネルギー変化**— の大きさの差が仕事に使えるエネルギーとなる。自由エネルギーについては4・4・3でもふれたが，ここでは化学反応に伴い放出される実際に使えるエネルギー，あるいは反応を起こすために外から加えなければならないエネルギーという理解で十分である。

細胞内には，放っておけば自然に起こる反応と，反応を起こすために外からエネルギーを加えてやらなければならない反応という，エネルギー的には反対の性質を持つ二つのタイプの化学反応がある。前者の化学反応では，反応が起きた結果自由エネルギーが放出される。細胞には，これら二つの反応を同時におこす —二つの化学反応を共役させる— ことで仕事をする(エネルギーを利用する)システムができている。二つの化学反応を同時に起こして，一方の反応で放出されるエネルギーの一部を利用して，もう一つの反応(エネルギーの必要な仕事)を進めるというやり方である。実際にこのシステムがはたらくためには，それぞれの化学反応に対する触媒(酵素)と二つの反応に共通の反応物質がなければ

ならない。

　アデノシン三リン酸(ATP)は，細胞内のエネルギー変換反応—エネルギーの獲得・保存と利用—のほとんどすべてに共通の反応物質として使われる。一般的には，外界からとり入れたエネルギー源がもつエネルギーの一部分が，ATPの合成反応に使われてATP分子にとりこまれる。ATPが加水分解される過程では，とり込まれたエネルギーが放出されるが，その一部分は生体高分子の合成反応・細胞の運動などのエネルギー源として使われる(図7-4)。ATPと似たはたらきをする物質として，ニコチンアミドアデニンジヌクレオチドリン酸(NADPH)があるが，これは，脂肪酸の合成やクロロフィルでのデンプンの合成過程などに含まれる酸化還元反応のエネルギー源となっている。

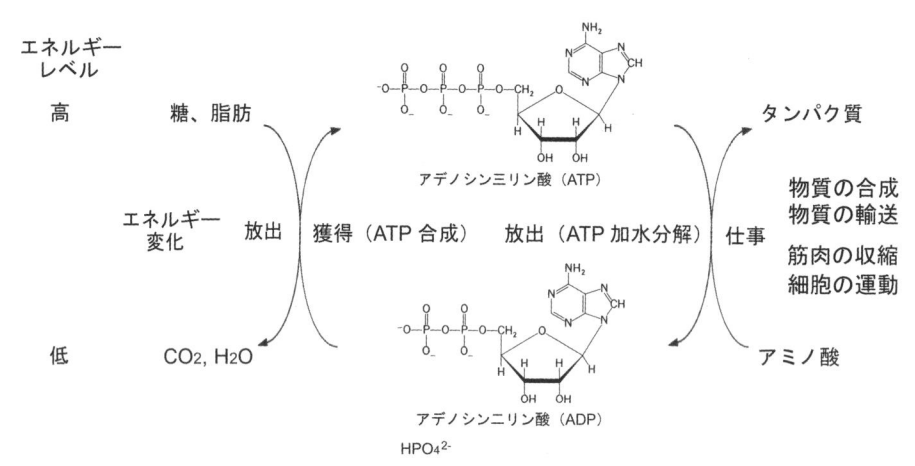

図7-4　ATPの合成と分解を中心にした細胞内エネルギー変換過程の模式図

7・2・2　アデノシン三リン酸(ATP)

　ATPの化学構造は4章でもふれた(図4-10)。アデニン環とリボース環とからなるアデノシンの5'位に，トリリン酸基がエステル結合したものである。トリリン酸基の三つのリン原子は，それぞれリボース側から順に，α-，β-，γ-Pとよばれる。自由エネルギーは，酸無水物結合するγ位のリン酸が加水分解反応によりとりのぞかれることで放出される。この反応の生成物であるアデノシン二リン酸(ADP)と，無機リン酸HPO_4^{2-}(Pi)が結合してATPができる逆反応で自由エネルギーをとりこむことができる。ADPから酸無水物結合するβ位のリン酸がとれるとアデノシン一リン酸(AMP)ができるが，この加水分解過程でもATPの場合と同じくらいのエネルギーが放出される。ATPのγ位，あるいはβ位のリン酸の加水分解反応で，大きい自由エネルギーが放出されるのはなぜだろうか。2つの根拠が考えられている。リン酸基のP，O間の二重結合は，両者の電気陰性度の違いから分極しPは部分的な正電荷をもち，Oは部分的な負電荷をもっていると考えられる。これに加えてリン酸基は，中性のpHで負電荷をもっているので，ATPのγ位とβ位，およびβ位とα位のPの結合の間には強い静電反発力がはたらいている。こ

の部分の結合には，通常の結合エネルギーに上乗せするかたちで，この反発力に打ちかつのに必要なエネルギーが余計に含まれていることになる。このため，この位置での加水分解は，他の加水分解反応に比べてより高い自由エネルギーを放出できる。もう一つは，加水分解反応前後での，とりうる化学構造の数の違いで説明される。反応の結果，この数が大きくなればそれだけ安定化が大きく，放出される自由エネルギーも大きくなる。

　細胞は，ADPと無機リン酸からATPを合成することで栄養物のもつ自由エネルギー，あるいは太陽の光のエネルギーの一部を取り込み，自分が利用できるかたちに変える。細胞が，エネルギーを必要とする反応 —仕事— をするときには，ATPのγ位のリン酸結合の加水分解反応と共役させ，放出される自由エネルギーの一部を使うのである（図7-4）。これらの過程で，化学反応を速やかに進行させる役割をもつタンパク質 —酵素— が，重要な役割をもつことが理解できるだろう。

7・2・3　ミトコンドリアでのATPの合成

　細胞が摂取した栄養物，例えばデンプンからエネルギーを取り出しATPを合成する仕組みはいくつか知られている。このなかで，最も効率が高いのは空気中のO_2を使った酸化反応である。4章で述べたとおり，デンプンの繰り返し構造単位である**ブドウ糖**を完全酸化させると，2,870 kJ/molの自由エネルギーが放出される。ATPのγ位のリン酸の加水分解で放出される自由エネルギーは，30～50 kJ/molであり，これはATPの合成に必要なエネルギーに相当するから，ブドウ糖1 molの酸化でおよそ100 molのATPを合成できる計算になる。高等生物の細胞で，O_2を直接利用してブドウ糖や脂肪酸を酸化するシステムは，ミトコンドリアに局在している。**ミトコンドリア**は，心臓や肝臓のような活発にはたらく器官の細胞にたくさんみられる長さ2～3 μmの桿状のオルガネラである。ミトコンドリアでは，電子伝達過程と呼ばれる一連の酸化還元反応が引き続いて起き，その最後にO_2による酸化反応が起きる。

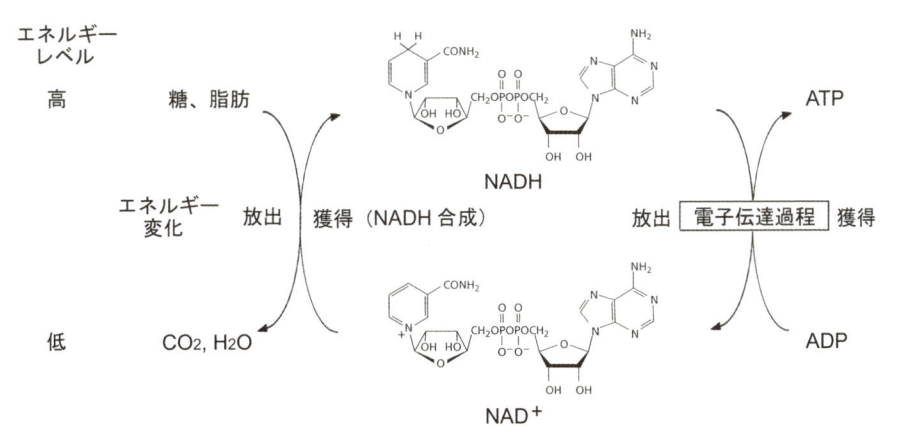

図7-5　電子伝達を介したATP合成
デンプンや脂肪に含まれているエネルギーを使ってNADHが合成され，NADHの還元力がATP合成のエネルギー源となる。

電子伝達過程で最初の**電子供与体（還元剤）**であり，ATP合成のエネルギー源となるのはニコチンアミドアデニンジヌクレオチド（NADH）である（図7-5）。栄養物として摂取されたデンプンや脂肪のもつエネルギーの一部は，細胞内の一連の化学反応（代謝過程）でNADHの合成に使われ，NADHの還元力に依存するエネルギーとして取り込まれる。NADHがO_2により酸化される過程，いいかえると，NADHがO_2を還元する過程でエネルギーが放出され，これを使ってATPが合成される。ミトコンドリアでは，NADHからO_2へ直接電子が伝達されているわけではない。ミトコンドリアは，それぞれ外膜・内膜とよばれる2種類の脂質二重層からなる二重膜構造をとっており（図7-6），内膜には多数の**電子伝達物質**（電子キャリア）が埋め込まれている。NADHは，内膜の内側の水溶液（マトリクス）中に溶けている。NADHから放出された電子は，これらの電子キャリアの間で起きる酸化還元反応を経由し，最終的にO_2に伝えられるとH_2Oができる。表7-2に代表的な電子キャリアとその標準還元電位をまとめた。

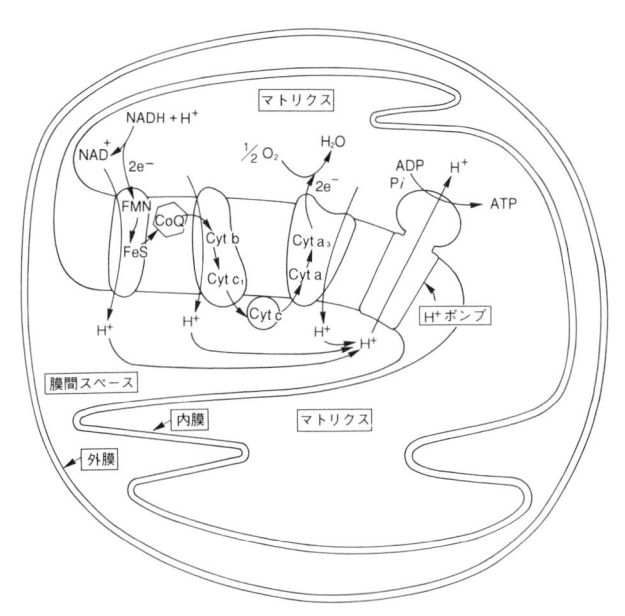

図7-6　ミトコンドリアの構造の模式図

ミトコンドリアは二重膜構造をとっており，内膜に多数の電子キャリア分子とH^+ポンプ分子が埋め込まれている。図中にはそれらの一組だけを示した。外膜は，分子量10,000位までの物質を通すが，内膜はほとんどの物質を通さない。電子伝達が進むと内膜をはさんで[H^+]勾配ができ，これが解消する過程でATPが合成される。FeSは，鉄硫黄タンパク質を，CoQは，ユビキノンを，Cytは，シトクロムをそれぞれ表す。

表7-2 ミトコンドリアの電子キャリアと，標準還元電位の大きさに依存した電子の移動

酸化還元反応	標準還元電位(volt)
$NAD^+ + 2H^+ + 2e^- \rightleftharpoons NADH + H^+$	−0.32
$FMN + 2H^+ + 2e^- \rightleftharpoons FMNH_2$	−0.30
ユビキノン $+ 2H^+ + 2e^- \rightleftharpoons$ ユビキノール	0.04
シトクロム $b(Fe^{3+}) + e^- \rightleftharpoons$ シトクロム $b(Fe^{2+})$	0.07
シトクロム $c_1(Fe^{3+}) + e^- \rightleftharpoons$ シトクロム $c1(Fe^{2+})$	0.23
シトクロム $c(Fe^{3+}) + e^- \rightleftharpoons$ シトクロム $c(Fe^{2+})$	0.25
シトクロム $a(Fe^{3+}) + e^- \rightleftharpoons$ シトクロム $a(Fe^{2+})$	0.29
シトクロム $a_3(Fe^{3+}) + e^- \rightleftharpoons$ シトクロム $a_3(Fe^{2+})$	0.55
$1/2\,O_2 + 2H^+ + 2e^- \rightleftharpoons H_2O$	0.82

NADH から O_2 への電子の移動を矢印で示した。一連の電子伝達過程で消費されるのは NADH と O_2 であり，H_2O が 1 mol 生成する。　　　　　　　　　　　　　　　　　　　　　　（A. Lehninger による）

ここで，NADH から電子を受け取った FMN は $FMNH_2$ に還元されるわけだが，$FMNH_2$ は，次の電子キャリア（この表ではユビキノンである）を還元することで電子を放出して，もとの FMN に戻ることに注意したい。このことは，O_2 に至るすべての電子キャリアについていえることであり，NADH から O_2 に至る電子伝達過程での物質の収支をみると，NADH と O_2 がそれぞれ 1 mol および 0.5 mol 減り，NAD^+ と H_2O が 1 mol ずつ増えただけで他の電子キャリアには増減がない。それでは，なぜ NADH から O_2 への電子移動が直接起きないのだろうか。これに対する明快な答えはないのだが，ミトコンドリア内膜での電子キャリアの配置と，放出される自由エネルギーを使って ATP を合成する機構に関連があると思われる。

ミトコンドリアでの ATP 合成機構は，P. Mitchel の**化学浸透説**として知られる以下のようなものである。電子伝達系で，NADH から O_2 への電子伝達が進行すると，マトリクスから外部（膜間スペース）に向かって H^+ が排出される。詳細な機構はまだわかってはいないが，電子伝達過程で放出されるエネルギーは，内膜を隔てた $[H^+]$ 勾配をつくるのに使われるのである。内膜には ATP 合成の方向にはたらく H^+ ポンプが埋め込まれているので，こうしてできあがった $[H^+]$ 勾配は，ATP 合成の直接のエネルギー源となる。内膜を隔てた $[H^+]$ 勾配と膜電位が適当な値に達すると，外部に蓄積した H^+ はこのポンプを通ってマトリクスに流れ込む。$[H^+]$ 勾配が解消して，より安定な状態に戻る過程で

放出されるエネルギーを使って，ATP が合成される（図7-6）。この機構によると，電子伝達過程と ATP 合成を共役させるためには，ミトコンドリアの内膜の閉鎖構造は必須である。内膜に穴をあけるなどして［H^+］勾配をつくれない状態にしてやると，電子伝達が起きても ATP を合成できないという実験結果や，H^+ ポンプ分子を埋め込んだ脂質二重層で袋状の構造（**リポソーム**とよばれる）をつくり，この膜をはさんだ両側に適当な pH 勾配（［H^+］勾配）をつくると，電子伝達とは無関係に（膜内に電子キャリアがなくても）ATP が合成されるという実験結果は，化学浸透説を裏付けるものであった。ミトコンドリアの H^+ ポンプの分子構造が明らかになり，ATP 合成反応機構の詳細が提案されている。

還元電位と酸化還元反応の進行方向

ある物質が電子を受け取る反応を還元反応といい，その反応のおこりやすさの指標が還元電位である（表7-2）。化学反応の自由エネルギー変化の場合と同様に，標準状態での還元反応のおきやすさは，標準還元電位の大きさで見積もることができる。酸化還元反応では，電子を放出する反応（酸化反応）と電子を受け取る反応（還元反応）が対になって起き，2つの物質間で電子のやりとりが行われる。対をつくる二つの反応は，一つずつでみるといずれも電子を受け取る反応（還元反応）として定義できるが，対をつくるとそのうちの還元電位の大きいほうの反応が還元反応を進め，小さい方の反応は逆向きに進む —酸化反応が起きる— ので電子の授受が起きる。NAD^+ の標準還元電位は -0.32 volt であり，O_2 の標準還元電位は 0.82 volt である（表7-2）。この二つの反応が対をつくると還元電位の高い O_2 の還元反応が進み，NAD^+ の還元ではなく，NADH の酸化反応が起きる。その結果，NADH から O_2 に向かって電子が移動する。それとともに，両者の標準還元電位の差（$0.82-(-0.32)=1.14$ volt）にみあう自由エネルギー 220 kJ/mol が放出されるわけである。これは，7 mol の ATP を合成することができるエネルギー量にあたる。

7・2・4 クロロプラストでの光合成と ATP の合成

植物の細胞は，動物とは異なり太陽の光のエネルギーを利用するシステムをもっている。おもに葉の細胞にある**葉緑体（クロロプラスト）**が，その反応の場である。一般に，**光合成**とは光のエネルギーを使ったブドウ糖（デンプン）の合成過程と理解されるが，ここではもっと狭い見方で，ブドウ糖の合成に必要な ATP や NADPH の合成過程について考える。光合成で，光のエネルギーを使うのはこの過程であり，光のエネルギーを，細胞が仕事に使える化学エネルギーに変換する過程にあたる。

クロロプラストで起きている反応は，基本的にはミトコンドリアの内膜で起きる電子伝達過程とよく似た酸化還元反応であり，H_2O を還元剤にして NADPH や ATP を合成する。H_2O は酸化され，生成した O_2 は気孔から排出される。図7-7 にクロロプラストの電子伝

達系の模式図を示した．ミトコンドリアの場合と比較してみるとよいだろう．表7-3に，光合成の電子伝達過程ではたらく電子キャリアをまとめた．

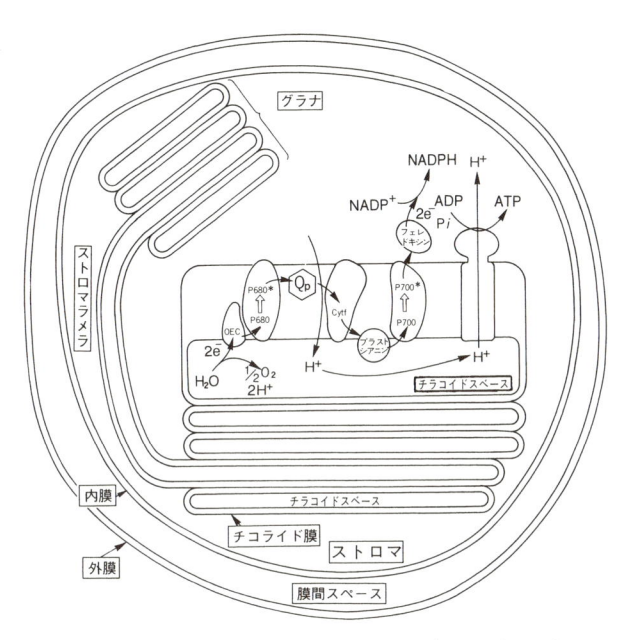

図7-7 クロロプラストの電子伝達系とH^+ポンプの模式図

クロロプラストは，外膜，内膜，チラコイド膜(内膜が陥没してできたものと考えられている)からなる三重膜構造をとる．チラコイド膜の一部分を肉厚に書き，その中に一組の電子キャリアとH^+ポンプ分子を示した．赤色光の吸収を含む過程を⇨で示した．Qpは，プラストキノンを，OECは，O_2発生中心錯体を表す．

表7-3 クロロプラストの電子キャリア

酸化還元反応	標準還元電位(volt)
$P700^+ + e^- \rightleftharpoons P700^*$	-1.2
フェレドキシン$(Fe^{3+}) + e^- \rightleftharpoons$ フェレドキシン(Fe^{2+})	-0.42
$NADP^+ + 2H^+ + 2e^- \rightleftharpoons NADPH + H^+$	-0.32
$P680^+ + e^- \rightleftharpoons P680^*$	-0.8
プラストキノン$+ e^- \rightleftharpoons$ プラストキノール	0.0
シトクロム$f(Fe^{3+}) + e^- \rightleftharpoons$ シトクロム$f(Fe^{2+})$	0.36
プラストシアニン$(Cu^{2+}) + e^- \rightleftharpoons$ プラストシアニン(Cu^+)	0.37
$P700^+ + e^- \rightleftharpoons P700$	0.5
$1/2\, O_2 + 2H^+ + 2e^- \rightleftharpoons H_2O$	0.82
$P680^+ + e^- \rightleftharpoons P680$	1.0

表7-2と比べると，光合成の電子伝達系では，入り口にあたるH_2Oの還元電位よりも，出口にあたる$NADP^+$の還元電位の方が高いことに気がつく．酸化還元反応での電子伝達の方向性は，還元電位の低い反応の還元剤から，還元電位の高い反応の酸化剤に向かうことは先に述べたとおりなので，この場合も電子はNADPHからO_2に向かって流れると期

待される。この矛盾は，**クロロフィルa**を中心とする二つの光化学反応系タンパク質複合体（それぞれPSI, PSIIとよばれる）の機能を知ることで解決する。PSIにある反応中心のクロロフィルaはP700（還元電位0.5 volt）とよばれる。この色素は，波長700 nm近辺の赤色光のエネルギーを吸収して，高いエネルギー状態の色素P700*に変わる。P700*の還元電位は，-1.2 voltであり，$NADP^+$を還元することが可能な値である。PSIIにある反応中心のクロロフィルaはP680（還元電位1.0 volt）とよばれ，H_2O（還元電位0.82 volt）によって還元された後，650 nm近辺の赤色光を吸収して高いエネルギー状態の色素P680*（還元電位-0.8 volt）に変わる。P680は，光のエネルギーを吸収してP680*に変わり，P700を還元する能力を得る。このようにクロロプラストの電子伝達系の特徴は，構成する電子キャリアの酸化還元電位の大きさが，光エネルギーの吸収により大きく変化することであり，これにより還元電位の高いH_2Oを還元剤として，還元電位の低い$NADP^+$の還元が実際に起きている。まとめると，クロロプラストで起きている電子伝達のおおよその順序は，次のようなものになる。

H_2O → $P680^+$ ⇒ $P680^*$ → プラストキノン → シトクロムf →
プラストシアニン → $P700^+$ ⇒ $P700^*$ → フェレドキシン → $NADP^+$

ここでは，光エネルギーの吸収過程を太い矢印であらわした。ATP合成につながるのは，プラストキノンからシトクロムfに至る電子伝達過程（標準還元電位差は0.36 volt）だと考えられている。この過程で，細胞質側（ストロマ）からチラコイド膜を隔てた内側（チラコイドスペース）にH^+が放出され，H^+濃度勾配がつくられる（図7-7）。一度ストロマから出たH^+は，チラコイド膜に埋め込まれたH^+ポンプを通ってストロマに帰るが，この過程でミトコンドリアの場合と同様の機構でATPが合成される。光合成では，こうして出来たATPとNADPHが持つエネルギーを使って，空気中のCO_2と土中のH_2Oとを原料にしてブドウ糖が合成される。

クロロプラストと太陽電池

　植物のクロロプラストは太陽の光のエネルギーを吸収して，NADPHやATPを合成し，化学反応を起こすエネルギー源にしている。人類もクロロプラストにならって，クリーンで，無尽蔵ともいえる太陽の光のエネルギーを利用する方法を工夫してきた。地球上に降り注ぐ太陽のエネルギーの1時間分は，世界中で1年間に使用するエネルギー量に匹敵するのである。こうして開発された太陽電池は，太陽の光のエネルギーを吸収して電気エネルギーに変換するもので，21世紀のエネルギー源の主力として実用化が期待されている。太陽電池は，最初，シリコン（ケイ素，Si）の結晶（単結晶）を使ってつくられた。結晶状態では，Si原子が規則正しく並んでおり，これを広い面積の薄膜(0.3 mm)にする技術の開発が実用化のネックになっていた。現在では，単結晶である必要がないことがわかり，しかも，もっと薄い膜($1\mu m$)で十分に使えることがわかった。電卓で見なれた太陽電池のシートは，可視光をよく吸収するガラス基板の上にp型シリコンの薄膜をつくり（ガス状のシランSiH_4に，100万分の1くらいのホウ素—

B$_2$H$_6$ 等 ― を混ぜ高真空下で放電するとできる），次いで不純物を含まないシリコン薄膜（p-n 接合部になる）を，その上に n 型シリコンの薄膜をつくる（ガス状の SiH$_4$ に，100 万分の 1 くらいのリン ― PH$_3$ 等 ― を混ぜる）ことでできあがる。p 型シリコンの側から光を当てると，n 型シリコンとの境目（p-n 接合部）に正負の電荷が生じ，このうち正の電荷は p 側に，負の電荷は n 側に移動して分離されることで電位差が生じる。両端を導線で結ぶと電流が流れ，電気を取り出すことができる。太陽電池のシートを家の屋根（南側斜面の 1/2 くらい）として使えば，現在の発電効率（10% 前後）でも，家庭で使う電気量をまかなえるという。太陽電池の実用化で残された課題の 1 つは，家庭用の設備の購入費用と耐用年数を含めた発電コスト（50 円/kwh くらい）を現在の電気料金（20 円/kwh くらい，発電コストは 10 円/kwh くらい）のレベルにまで下げることである。

7・2・5 電子キャリアの構造

　ミトコンドリアや，クロロプラストの**電子キャリア分子**には，金属イオンを含むタンパク質が多い。中でも遷移金属イオンは，主として d 電子の性質に基づく酸化状態の可逆的変化がおこるので，電子キャリアとしてはたらく（6 章）。d 電子を含む遷移金属イオンがタンパク質分子に取り込まれると，タンパク質分子内の環境の違いにより金属イオンの酸化還元電位の値は微調整され，これによりミトコンドリアやクロロプラストの秩序ある電子伝達システムができている（表 7-2，表 7-3）。金属イオンが，タンパク質分子中でどのような環境にあるのか，構造を中心にして考えてみる。

　シトクロム類は，鉄ポルフィリン IX を強く結合したタンパク質分子である。図 7-8 に，シトクロム c の分子構造と，それに含まれる鉄ポルフィリン IX の構造を示した。シトクロム c は結晶化され，X 線結晶解析法でその分子構造が詳細に調べられた。

　この分子のポルフィリン環は，環に結合した二つのビニル基とシステイン残基の SH 基との結合により，タンパク質分子に共有結合しているのが特徴である。シトクロム類は，鉄ポルフィリン特有の色を持っており，鉄イオンの還元状態に依存して異なる色調を示す。肝臓や心臓など，ミトコンドリアが多い組織の茶色っぽい色は，シトクロムやミオグロビンに含まれる**鉄ポルフィリン**に由来する。酸化還元反応に直接関与するのは，ポルフィリン環内で四つの N 原子に配位結合した鉄イオンであり，それぞれ Fe^{3+} + e$^-$ $\rightleftarrows$ Fe^{2+} という反応をする。Fe^{3+} は，正八面体型の 6 配位構造をとっており，軸方向の二つの頂点にはタンパク質を構成するアミノ酸，例えば，ヒスチジンのイミダゾール基の N 原子，あるいはメチオニンの S 原子等が配位している。表 7-2 や表 7-3 をみると，いろいろなタイプのシトクロムがあり，異なる酸化還元電位をもっていることがわかる。酸化還元電位の値は，ポルフィリン環に結合した置換基の違いや，タンパク質分子内のポルフィリン環をとりかこむ環境の違い ― ポルフィリン環のまわりに集中するアミノ酸の性質が違うと，電荷密度や疎水性の程度が変わる ― によって変わってくる。

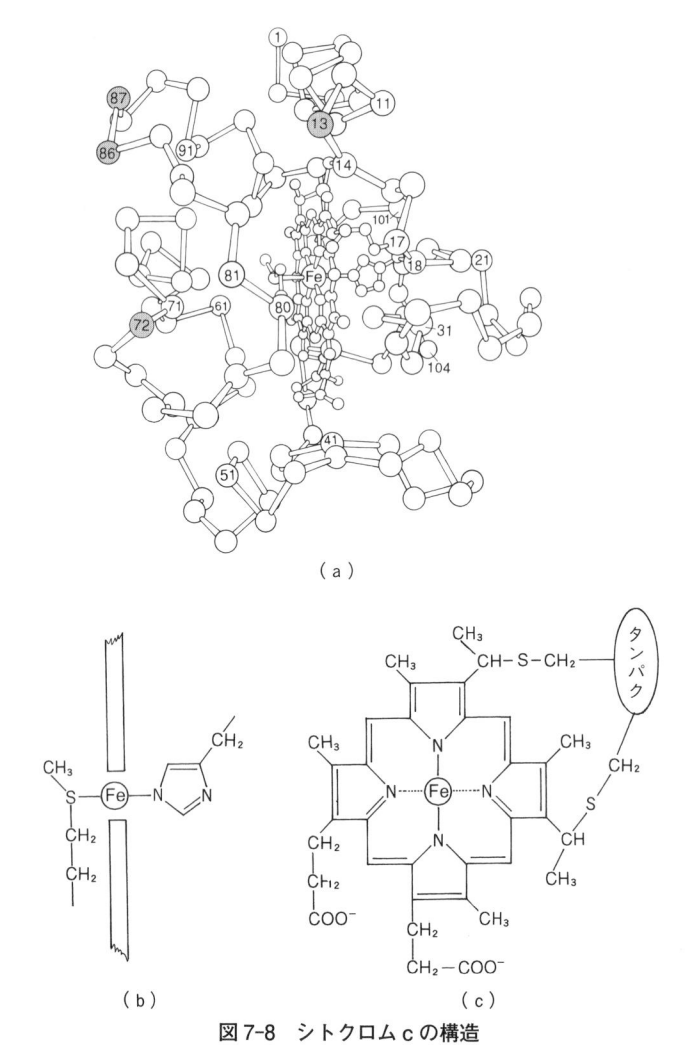

図7-8 シトクロムcの構造
(a) シトクロムcのポリペプチド鎖は規則的に折りたたまれており，その中にある大きな疎水性の割れ目のなかにヘム平面がはさまれている。ポリペプチド鎖を構成するアミノ酸を大きな○で示した。分子間相互作用に使われるリシンの位置を●で示した。(b) Feの軸方向の配位子はメチオニン80のSとヒスチジン18のNである。(c) ヘムはビニル基を使って二つのシステインのSに共有結合している。（コーン-スタンプ，『生化学』，東京化学同人，図3-16を一部改変）

ミトコンドリアの電子伝達系の最後にO_2分子を直接還元する反応があり，これにかかわっているタンパク質は，シトクロムa，シトクロムa_3，あるいはまとめて**シトクロムcオキシダーゼ**とよばれる。シトクロムcオキシダーゼは，O_2を直接使って穏やかな条件で，酸化反応を起こすことができるうえに，安定な4電子還元型酸素（$2O^{2-}$）だけを選択的に生成することができる。酸化反応を，このように精密に調節する機構はどういうものだろうか。シトクロムcオキシダーゼの分子構造がX線結晶解析法により明らかにされている。鉄ポルフィリンの他にCuイオンとMgイオンが分子内にみとめられており，これらの役割もふくめて，O_2を直接使った酸化反応の分子機構の詳細が提案されている。

分子内に，酸化還元状態の変わる Fe イオンはあるけれども，ポルフィリン環を持っていないので，**非ヘム鉄タンパク質**（または，鉄硫黄タンパク質）とよばれる電子キャリアがある。光合成系の**フェレドキシン**は，よく研究されている代表的なものであるが，ミトコンドリアの電子伝達系でも多数の**鉄硫黄タンパク質**がはたらいている。Fe イオンは，タンパク質分子内で鉄硫黄クラスターとよばれる単位構造をつくっている（図7-9）。この中で，Fe イオンは，同じ数の硫化物イオンで架橋されており，それが四つのシステインのS 原子でタンパク質分子に結合している。代表的な鉄硫黄クラスターである 4Fe-4S 型の構造を示した（図7-9）。

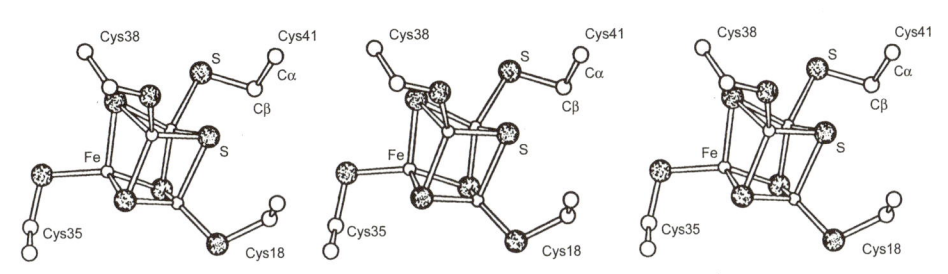

図7-9　代表的な鉄硫黄クラスターの構造（ステレオ図）
フェレドキシンの［4Fe-4S］クラスターの構造を示した。（ J. P. Glusker (1991),"Advances in Protein Chemistry", Vol. 42, Academic Press, Inc., 44 頁の図を一部改変）

この図からわかるように，Fe は，四面体型の配置で S に取り囲まれている。硫化物イオンは酸に不安定であり，pH 1 にすると H_2S として遊離するので見分けることができる。鉄硫黄クラスターでは，Fe の数に関係なく 1 電子の酸化還元が起きる。

活性中心に銅イオンを含む，**銅タンパク質**も電子キャリアとして重要な機能を果たしている。先に示したシトクロム c オキシダーゼや，クロロプラストの**プラストシアニン**（表7-3）が代表的なものである。プラストシアニンは，チラコイド膜の内表面にある分子量 11,000 のタンパク質で，活性中心にある銅原子が Cu^{2+} と Cu^+ の変換を繰り返す。プラストシアニンは，いわゆる「ブルー銅タンパク質」の仲間で，Cu^{2+} の特殊な配位構造に由来する濃い青色をしている。Cu 原子は，ゆがんだかたちの四面体配位構造をとり，システイン，メチオニンの S 原子，および二つのヒスチジンのイミダゾール基が配位している（図7-10）。

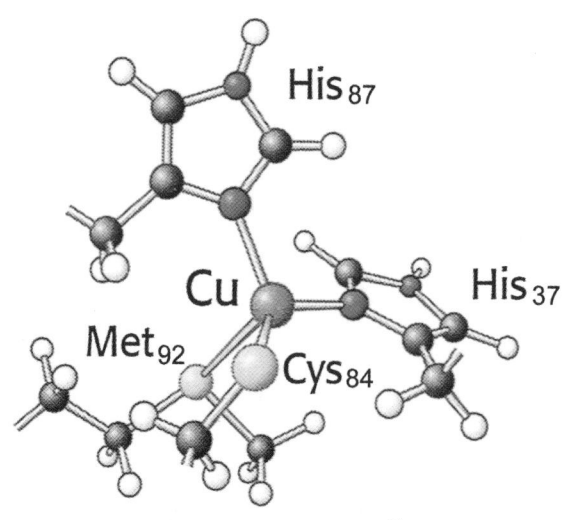

図7-10 プラストシアニン中のCu^{2+}の配位構造

4配位型のCu^{2+}錯体は，ふつう正方形の配位構造をとり，Cu^+錯体は四面体配位構造をとる(6章)。タンパク質構造の影響で，Cu^{2+}が四面体構造をとり，そのために還元されやすくなっていると考えられる。プラストシアニンの標準還元電位は0.37 voltで，水溶液中のCu^{2+}の値0.16 voltよりも高くなっている。

クロロフィルaは，クロロプラストの光反応中心P700やP680の実体であり，赤い色の光エネルギーを吸収してこれらの光反応中心を強い還元剤に変える。クロロフィルaの構造式を図7-11に示した。

クロロフィル a　　　　鉄プロトポルフィリンⅨ

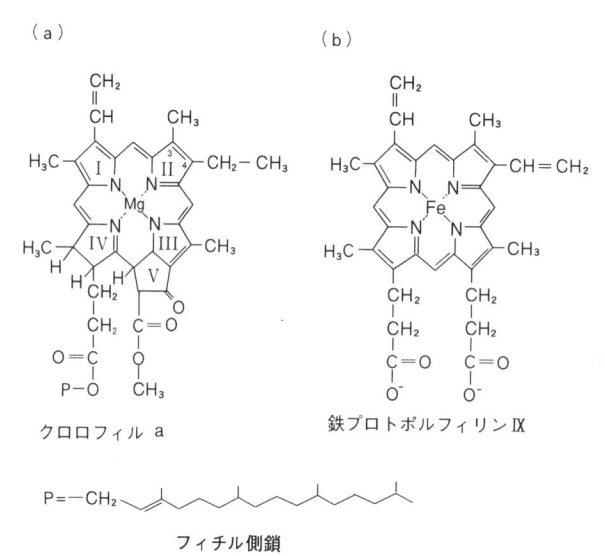

フィチル側鎖

図7-11　クロロフィルaの構造
クロロフィルa(a)は，鉄プロトポルフィリンⅨ(b)の誘導体であり，Feの代わりにMgが結合している。

ヘムに似たテトラピロール環は，プロトポルフィリンIXの誘導体であるが，中心金属はヘムとは異なりMg^{2+}である。四つのピロール環のうち二つに修飾がみられ，シクロペンタノン環がついたピロール環と，部分還元されたピロール環がある。また，ピロール環についたプロピオン酸基は，フィトールとエステル結合している。緑色植物のクロロフィルaをふくむ光反応中心(P700, P680)を，強い還元剤に変える分子機構は明らかになっていない。最近，光合成能力を持つ細菌の光反応中心タンパク質や，緑色植物により近いシアノバクテリアの光反応中心タンパク質複合体PSII(P680)やPSI(P700)の分子構造が相次いで明らかになった。シアノバクテリアの光反応中心P680やP700はタンパク質分子内の多数のアンテナ色素(吸収した光エネルギーをP680やP700に渡し効率よく励起する役割を持つ)に囲まれており，光励起によりできた強い還元剤は一連の電子キャリアとともに電子伝達の順序に沿って配置している。緑色植物のクロロプラストの光反応中心についても活性化の機構を推論できるようになった。

クロロプラストの電子伝達系には，もう一つ，特徴的な電子キャリアがある。H_2Oを酸化して，O_2を発生させる酸素発生中心錯体(**OEC**)である。これは，P680を含むPSIIのチラコイドスペース側にあるMn_4CaO_4錯体で，O_2発生の過程でMnイオンはMn^{2+}，Mn^{3+}，Mn^{4+}，Mn^{5+}の酸化数をとり，引き抜かれた電子はPSIIの特定のチロシン残基のラジカル化を経て$P680^+$を還元することがわかっている。Mnイオンの酸化状態や配位構造の変化が，O_2発生につながる分子機構については，いくつかの仮説が提出されているが，今のところ決定的なものはないようである。

7・3 物質の輸送

多細胞生物は，細胞間での調和のとれた連携を基礎にして生きているので，細胞膜で隔てられた細胞内外での**物質の輸送**に加えて，細胞間での物質の輸送が生命体を維持するための重要な課題になる。我々の体の代表的な輸送系といえば，まず**血管系**を思いうかべるだろう。ヒトの体内にはりめぐらされた血管系とそれを利用した物質の流れの重要性は，我々の社会生活の単位が大きくなり分業が進むにつれて交通網が充実して，それを駆使した物流がさかんになる現象とよく似ている。肺と他の組織のあいだでの酸素(O_2)と二酸化炭素(CO_2)の交換(呼吸)ばかりでなく，消化管から吸収された糖や脂肪などの栄養物質が組織で利用され，さらに，そこでの化学反応の結果あらたに合成された物質が他の組織で利用されるためにも，血管系を使った物質の輸送はなくてはならないものである。一方，Ca，Fe，Cuといった金属元素も，腸管から吸収され，血管を通って組織に運ばれ重要な生理機能を発揮している。ここでは，O_2とCO_2の輸送を中心にして細胞間の物質の輸送について考える。

7・3・1 ヘモグロビンと酸素の輸送

われわれが吸い込んだ空気の中の O_2 は，肺の中に入り肺胞の表面膜，それに接する毛細血管壁を通って血液中に入る。血液中に入った O_2 は，拡散により細胞膜を通って**赤血球**(細胞)に入り，**ヘモグロビン**という酸素輸送タンパク質に結合し体内に配達される。血漿に対する O_2 の溶解度(0.3 ml/100 ml)に比べて，赤血球を含めた血液に対する O_2 の溶解度(およそ 20 ml/100 ml)は 70 倍にもあたり，O_2 輸送にヘモグロビンの果たす役割の重要さが理解できよう。ヘモグロビンに対して O_2 が結合する様子を図7-12に示した。これは，ヘモグロビンに対する O_2 の結合曲線とよばれる。

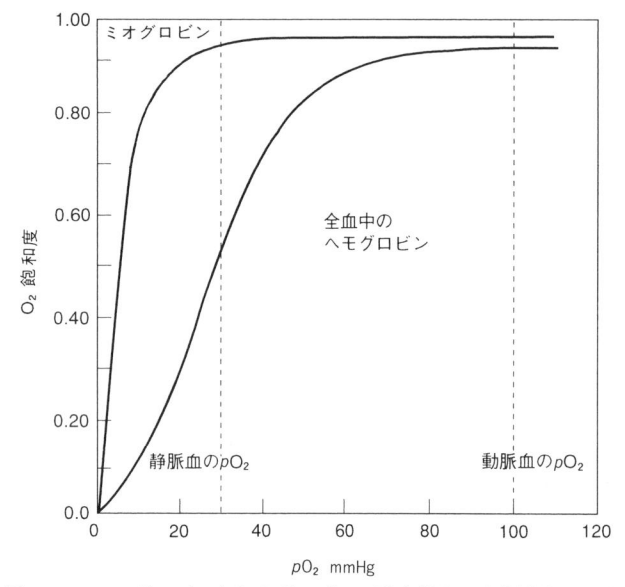

図7-12 ヘモグロビンとミオグロビンの酸素結合の酸素濃度依存性

空気のような混合気体中の O_2 の濃度は，全圧力に対する酸素分の圧力(酸素分圧: pO_2，単位は mmHg)であらわすので，この図でも横軸の O_2 濃度は pO_2 であらわされている。肺胞や大動脈での酸素濃度は，95～100 mmHg なので図の中で動脈血の pO_2 位置からわかるように，血液中のヘモグロビンはすべて O_2 で飽和している。酸素を利用する各組織中の酸素濃度を測定することは困難であるが，静脈血の酸素飽和度(13 ml/100 ml)がわかっているので，25～45 mmHg くらいであろうと推定されている。この図の静脈血の pO_2 = 30 mmHg での値からもわかるように，半分ほどの O_2 が結合しているにすぎない。O_2 の取り込み，輸送，および組織での放出(利用)は複雑な反応であるが，基本的には，ヘモグロビンと O_2 の結合平衡反応(図7-12)で説明できる。O_2 濃度の高い肺や動脈中ではヘモグロビンは O_2 で飽和されており，O_2 は血流に乗って組織へと運ばれる。O_2 利用度が高い組織では，O_2 の消費が激しいので O_2 濃度は下がりやすく，それにともなって，毛細血管中の O_2 はこのような組織細胞に拡散していく。その結果，血液中の O_2 濃度は

下がり，これとともにヘモグロビンの O_2 結合量も減る。O_2 を失ったヘモグロビンは，静脈を通って O_2 濃度の高い肺へもどり，O_2 が再充填される。

O_2 が利用度の高い組織へ運ばれたとき，ヘモグロビンの O_2 結合の強さを弱めることができれば輸送される O_2 をもっと効率よく利用できる。実際に，O_2 を効率よく利用する仕組みがいくつかある。骨格筋細胞には，**ミオグロビン**というタンパク質があり，ヘモグロビンよりも強く O_2 を結合できる。図 7-12 に示したように，ミオグロビンは，ヘモグロビンが O_2 を離してしまうような静脈内の低い O_2 濃度でも O_2 を結合できる。ミオグロビンは，酸素消費の活発な組織に多量にあり，ヘモグロビンの性質を変えることなく O_2 をとりこみその有効利用に貢献している。もう一つは，O_2 消費の結果放出される CO_2 が関与する機構である。放出された CO_2 は，H_2O と反応して炭酸 (H_2CO_3) および炭酸水素イオン (HCO_3^-) となり，血液中に拡散して血液の H^+ 濃度を高くする (pH を下げる)。

$$CO_2 + H_2O \rightleftarrows H_2CO_3 \rightleftarrows H^+ + HCO_3^-$$

pH が下がる (H^+ 濃度が高くなる) とヘモグロビンは H^+ を結合し，その結果，ヘモグロビンの O_2 に対する結合は弱くなる。この性質は，**ボア (Bohr) 効果**とよばれる。ヘモグロビンの O_2 に対する結合の強さは，pH によって変化するので，O_2 消費が激しく，CO_2 濃度が高い組織では運搬された O_2 を効率よく取り込み利用できる。

ヘモグロビンの O_2 運搬の過程を，分子構造から考えてみよう。図 7-13 に，**ヘモグロビンの分子構造**の模式図を示した。

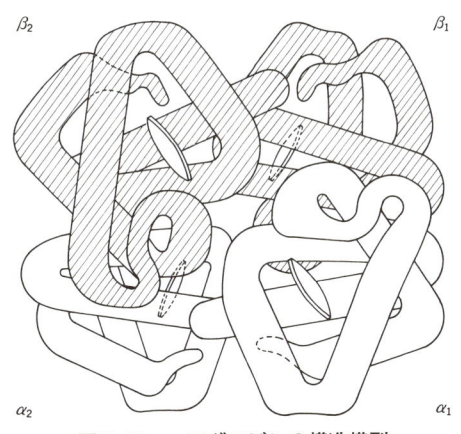

図 7-13 ヘモグロビンの構造模型
α鎖の折れたたみ構造は白ぬきで表し，β鎖の折れたたみ構造には陰をつけた。ヘムは円板で表した。(R. E. Dickerson and I. Geis, "The Structure and Action of Proteins", W. A. Benjamin, Inc., 3 頁の図を一部改変)

ヘモグロビン分子は，ほぼ球状の構造をしており直径約 55Å である。ヘモグロビンは，α鎖 (141 個のアミノ酸からなる)，β鎖 (146 個のアミノ酸からなる) とよばれる 2 種類のペプチドが，それぞれ二つずつ，合計四つが非共有結合で結合してできている。α鎖とβ鎖の立体構造は，たがいによく似ている。筋肉の O_2 結合タンパク質ミオグロビンは，一

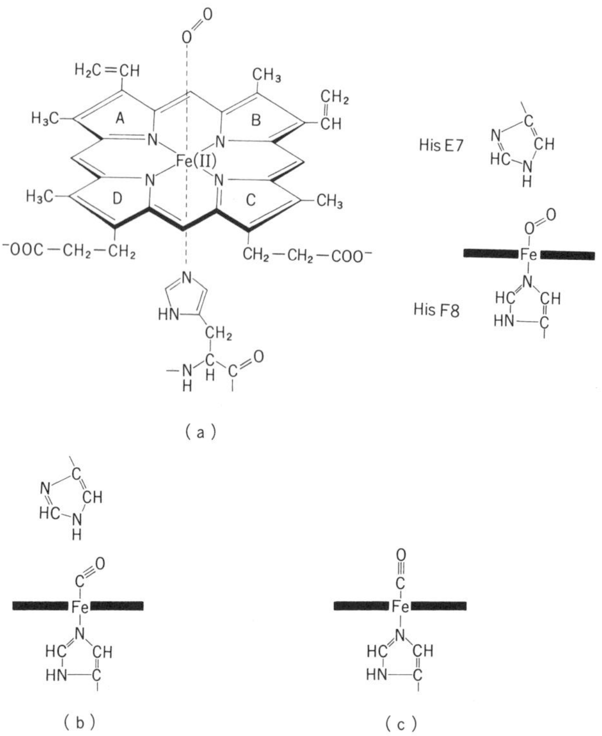

図7-14 ヘモグロビンのヘムとO₂(a)，およびCO(b)との結合様式

His E7は，遠位ヒスチジンを，His F8は，近位ヒスチジンを表す。(c)は，ヘモグロビンと結合していない裸のヘムとCOの結合様式の模式図。(L. Stryer, "Biochemistry (4th edition)", W. H. Freeman and Company, 153頁の図を一部改変)

つのポリペプチド鎖からできているが，その立体構造は，ヘモグロビンのα鎖やβ鎖とよく似ている。α鎖とβ鎖は，ヘモグロビン分子内で，おのおのが正四面体の頂点の位置を占める配置をとっている。α鎖は二つのβ鎖と相互作用しているが，α鎖どうし，β鎖どうしのあいだに相互作用はほとんどない。α鎖，β鎖にはそれぞれ1個のヘムが結合していて，ヘムに含まれるFe原子にO_2が結合する。ヘムは，ポルフィリン環に結合したカルボキシル基の負電荷を外側に向けて，ポリペプチド鎖がつくる立体構造の割れ目の中に入っている（図7-13，図7-14）。ヘムの大半の部分は，タンパク質分子内の電荷をもたないアミノ酸に囲まれていて，結合した四つのO_2はもちろん，ヘムどうしも互いに充分に離れている。

図7-14に，O_2とヘムの結合様式を示した。ヘムに結合しているFe（**ヘム鉄**とよばれる）は，2価（フェロヘモグロビン）および3価（フェリヘモグロビン）の酸化状態をとりうるが，酸素運搬に使えるのは2価状態のみである。Feは，八面体6配位構造をとっており，ポルフィリン環面内の中央で四つのN原子と結合している。ヘム面の片側の第5配位座はヒスチジン（**近位ヒスチジン**とよぶ）のイミダゾール基のN原子がしめている。酸素分子（O_2，$O = O$）や一酸化炭素（$C \equiv O$）は，面の反対側の第6配位座に結合する。この第6配

位座の近くには，もう一つのヒスチジン(**遠位ヒスチジン**とよぶ)のイミダゾール基があるが，これは Fe に配位してはいない。O_2 が結合していないとき，Fe はポルフィリンの面から近位ヒスチジン側に約 0.3 Å 飛び出している。O_2 が結合すると，Fe は近位ヒスチジンを引っ張りながらポルフィリン面内に入り込むのでヘム基の平面性が増す。このとき，O_2 の原子間軸は Fe−O 結合軸に対してある一定の角度をなしている。遠位ヒスチジンは，この折れ曲がったかたちの結合様式を安定化するような位置にある。

ミオグロビンやヘモグロビンが O_2 を安定に保ち，運搬するという機能を達成できるのは，酸素を結合したヘムがヘモグロビン分子の割れ目の中でそれぞれ隔離されているためである(図 7-13)。Fe^{2+} は酸化されやすい性質を持っており，タンパク質構造に包まれていない裸のヘム化合物(モデル化合物)を使った実験では，O_2 が結合すると Fe^{2+} はすぐに Fe^{3+} に変わり，その結果ヘムは O_2 を結合できなくなってしまう。このとき，O_2 は二つのヘムではさまれてヘム−O_2−ヘムというサンドイッチ型の構造をした複合体をつくり，その結果，Fe^{2+} の酸化が起きることが知られている。遠位ヒスチジンによる立体障害だけでなく，ヘモグロビン分子の割れ目の中に隔離されることで O_2 は安定に保たれ輸送されるのである。このように，ヘモグロビンの O_2 運搬機構は，低分子化合物が本来もつ機能—ヘムの場合 O_2 に対する強い結合能—をタンパク質分子の中に埋め込みうまく調節しているので，低分子化合物の反応性の制御という技術面でのモデルとしても興味深い。

図 7-14 には，一酸化炭素(CO)の結合様式についても示した。CO のヘモグロビンに対する結合力は O_2 よりも約 200 倍強いので，空気中の濃度が高くなると O_2 に代わってヘモグロビンに結合してしまう。その結果，組織への O_2 輸送ができなくなり，**一酸化炭素中毒**という症状になる。ヘモグロビン分子中で CO がヘムに結合するときも Fe−C−O 結合は遠位ヒスチジンの立体障害で折れ曲がっている。裸のヘムが，水溶液中で CO と結合するときには，三つの原子は一直線上にならんでおり，その結合力は O_2 の 25,000 倍にも達する。ヘムの CO に対する反応性もタンパク質構造に取り込まれることでうまく制御されている。

> **O_2 の協同的結合**
>
> 図 7-12 で，ヘモグロビンの酸素結合曲線が，ミオグロビンの場合と異なり S 字型であることに気がつくだろう。ヘモグロビンには，1 mol あたり 4 mol の O_2 が結合することを考えると，この曲線は最初の 1 mol が結合すると 2 mol めの O_2 結合は強められ，2 mol め 3 mol めと結合が増すにつれて O_2 が結合しやすくなることをあらわしている。O_2 の協同的結合として知られるこの現象は，ヘモグロビン分子内で互いに隔離されたヘムのあいだにも，なにか相互作用—情報交換—があることを示唆している。
>
> ヘモグロビン分子の一つのヘムに O_2 が結合すると Fe がポルフィリン平面内に引き込まれ，これとともに近位ヒスチジンのイミダゾール基の位置が変わることを先に述べた。タンパク質分子内の，この局部的な立体構造変化は，そのヘムを含むペプチド鎖全体の立体構造変化に増

幅され，α鎖とβ鎖のあいだの相互作用の様式を変えることが明らかになっている．その結果，隣り合うペプチド鎖の立体構造が変化し，それに含まれるヘムの酸素結合力が増すと理解されている．このように，ヘモグロビンの酸素運搬機構の詳細な研究から，タンパク質分子が低分子化合物のもつ機能を巧妙に制御し，利用する分子機構の一部が理解されるようになった．

7・3・2　ヘモグロビンと二酸化炭素の輸送

組織に運ばれた O_2 は，消費されると1分子あたり平均0.8分子の CO_2 を生成する．CO_2 は，血液に溶け込んで肺まで輸送されここで外界に放出される（5章，図5-5参照）．CO_2 は O_2 に比べると血液に溶けやすく（3.5 ml/100 ml）**炭酸**（H_2CO_3）に変わる．血液の H^+ 濃度（pH 7.3 くらい）は，H_2CO_3 の pK_a（pH 6.1）に比べて高いので，H^+ が解離するが，これで生じた**炭酸水素イオン**（重炭酸イオン，HCO_3^-）は，より高い溶解度をしめす．このため，血液100 ml あたり52 ml に相当する多量の CO_2 が静脈血にのって肺まで運ばれる．静脈血にのって運ばれる CO_2 の大半は，HCO_3^- のかたちで血液に溶けており，遊離の CO_2 の状態は5%程度である．血液が，肺動脈を通って肺の毛細血管に到達すると，肺胞の CO_2 濃度は低いので，組織とは逆向きの反応が起きて CO_2 は肺胞に放出される．肺胞の O_2 が赤血球にはいり，ヘモグロビンに結合すると Bohr 効果とは逆の現象が起き，ヘモグロビンに結合していた H^+ がはずれる．pH が下がることで血液に溶け込んでいる HCO_3^- は H_2CO_3 に変わり，CO_2 の肺胞への放出が促進される．

CO_2 輸送過程で，血管のなかを流れる CO_2 の大半は HCO_3^- であることがわかった．しかし，CO_2 が水に溶け，H^+ が解離して HCO_3^- になる過程の反応速度はあまり大きくない．赤血球の細胞質にある，**炭酸脱水酵素**（**カルボニックアンヒドラーゼ**）という酵素は，この溶解過程の速度を大きくすることで，CO_2 の効率的な輸送を助けている．組織で生成した CO_2 は，毛細血管中の血液を介して赤血球内に拡散し，ここで迅速に HCO_3^- に変換される．できた HCO_3^- は，血漿中に放出され肺まで運ばれる．

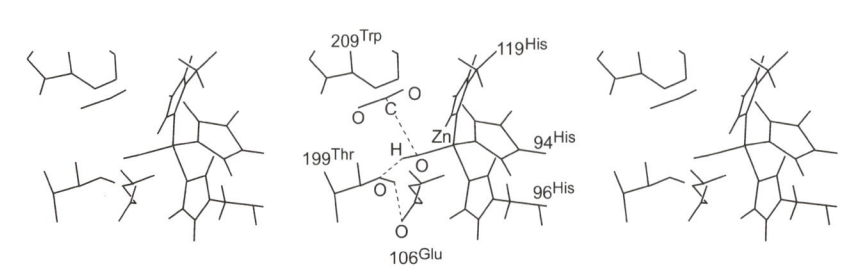

図7-15　カルボニックアンヒドラーゼの活性部位の構造（ステレオ図）
Zn^{2+} には，三つのヒスチジンと OH^- が四面体型に配位している．CO_2 は，近くの疎水性の領域に結合している．
〔D. W. Christianson (1991), "Advances in Protein Chemistry", Vol. 42, Academic Press, Inc., 316頁の図を一部改変〕

カルボニックアンヒドラーゼ分子内の反応場（活性部位）には Zn^{2+} が含まれており，触媒過程に重要な役割を持っている（図 7-15）。Zn^{2+} には，三つのヒスチジンのイミダゾール基と H_2O が配位して四面体型の錯体をつくっている。Zn^{2+} に配位した H_2O は，まわりのアミノ酸（トレオニン 199 とグルタミン酸 106）の影響で分極してイオン化しやすくなる。こうして生じた Zn^{2+} 結合型の OH^- が，拡散によって活性部位に到達した CO_2 の C を攻撃して HCO_3^- に変える。この後，新たな H_2O 分子が Zn^{2+} に配位して，HCO_3^- を追い出すことで活性部位の構造が再生する。

7・3・3　その他の物質の輸送

人のからだを含めて細胞は有機化合物からできているが，有機化合物には含まれず，**ミネラル栄養素**として知られる元素は，少量ではあるけれども生物に必須である。代表的なミネラル栄養素には，Fe, Zn, Cu, Ca, Mg のほか Mn, Mo, Co 等が知られる。これらの金属は，小腸から吸収され血管を経由する過程で選別され，組織に輸送される。多くの酵素の触媒活性に必須の因子として知られるほか，インスリンの構成成分としても知られる Zn^{2+} は，血清アルブミンと錯体を形成して血管内を運ばれる。

骨の主成分 $CaPO_4$ としてのほか，多くの酵素反応を調節する重要な機能を持つことで知られる Ca^{2+} は，**カルビンディン**とよばれる分子量 10,000 くらいのタンパク質と錯体を形成して腸管から吸収される。血中に入った Ca^{2+} は，遊離イオンのままか血清アルブミンと結合した状態でいる（表 7-1）。骨は，人体の Ca^{2+} 貯蔵庫としての役割もあり，血中 Ca^{2+} 濃度が下がると骨から供給され，過剰になると骨からの供給が制限される。それぞれの過程を，**パラトルモン（PTH）**と**カルシトニン**（ペプチドホルモンの一種）が促進している。

Fe は，ヘモグロビンやミオグロビンの O_2 結合，シトクロム類や鉄硫黄タンパク質の酸化還元反応に必須である。Fe^{2+} の腸管からの吸収機構は不明の点が多いが，アミノ酸と結合して吸収されると考えられている。血中に入ると，Fe^{3+} のかたちで**トランスフェリン**というタンパク質に結合して輸送される。大半の Fe は，骨髄に輸送されてヘモグロビンの合成に使われるが，過剰の Fe や，老化した赤血球から回収された Fe は，Fe^{3+} のかたちで**フェリチン**というタンパク質にとりこまれ，肝臓，脾臓，骨髄等に貯蔵される。これは，必要に応じて Fe^{2+} として放出される。Cu^{2+} は，アミノ酸と錯体をつくって腸管から吸収され，血液中ではセルロプラスミンというタンパク質に結合して輸送される。

7・4　生命活動と物質の変換

細胞は，生きるために外界からいろいろな物質をとりこむ。とりこまれた物質は，エネルギー源に変えられたり，細胞が成長し増殖するために必要な物質に変えられたりする。また，誤って取り込まれた有害物質や，細胞内で誤って合成された有害物質は，無害な物

質に変換される。こういった物質の変換過程は，化学反応の組み合わせで成り立っており，すべて，酵素の触媒活性で円滑に進行している。

細胞内では，1種類の化学反応に対して，1種類の酵素が用意されていると考えていい。酵素は，反応物質の濃度があまり高くなくても，識別し選択的に結合する能力を持っている。**酵素の触媒作用**は，酵素（タンパク質）の分子表面に反応物質をとらえ，互いに近づけ，反応しやすい向きにならべる（配向させる）ことから始まる。ついで，反応にふくまれる結合に対してひずみをかける，分極させる，あるいは，反応を起こすのに必要な酵素分子側の官能基（アミノ酸）を近くに配置する等の効果を加えることにより，穏やかな生体条件のもとで，化学結合の組み変えを促進している。これらの過程の大半は，反応物質がタンパク質分子と非共有結合して複合体を形成したときの安定化と，それにひき続くタンパク質分子の立体構造変化による安定化とにより放出される自由エネルギーを使って進行すると考えられている。タンパク質分子がこのような反応場を提供するときに，金属イオンを中心とした無機化合物は，しばしば重要な役割を演じている。

7・4・1　金属イオンと酵素

表7-4に，触媒活性に金属イオンを必要とする酵素の例を示した。現在知られている酵素の1/3は，何らかのかたちで，金属イオンを必要とする。**金属イオン**は，主としてd電子の性質に基づいて酸化状態の可逆的変化が起こるので，酸化還元反応を触媒する酵素の必須因子となる場合が多い（6章）。一般に，タンパク質分子のつくる反応場（**活性部位**）で金属イオンが受け持つ直接的な役割としては，以下の三つが考えられる。(1) 金属イオンは，その特徴的な配位構造を生かしてまわりに官能基を集め，積極的に化学反応の場を提供する。(2) 反応物質を配位させることで構造にひずみを与え，反応を起こしやすくする。(3) 固有の正電荷（親電子性）を使って，反応物質中の電子を引きつけて分極させ，反応を起こしやすくする。これ以外でも，反応場から離れた位置での配位結合が，タンパク質分子の立体構造を安定化し，これにより，反応場の構造形成が助けられることで，間接的に酵素反応を支援する場合もある。ここでは，活性部位に金属イオンをもつ酵素の触媒機構を考える。

表7-4　金属イオンを反応中心にもつ酵素の例

金属	酵素
Zn	カルボキシペプチダーゼ，カルボニックアンヒドラーゼ，スーパーオキシドジスムターゼ
Fe	シトクロム P-450，リボヌクレオチドレダクターゼ，プロテインホスファターゼ
Cu	スーパーオキシドジスムターゼ，アスコルビン酸オキシダーゼ
Mn	キシロースイソメラーゼ
Mo	ニトロゲナーゼ，硝酸レダクターゼ
Se[1]	グルタチオンペルオキシダーゼ

1) Seは，金属イオンとはいえないが，特殊な機能をもつ元素として加えた（4章の4・5・4も参照）。

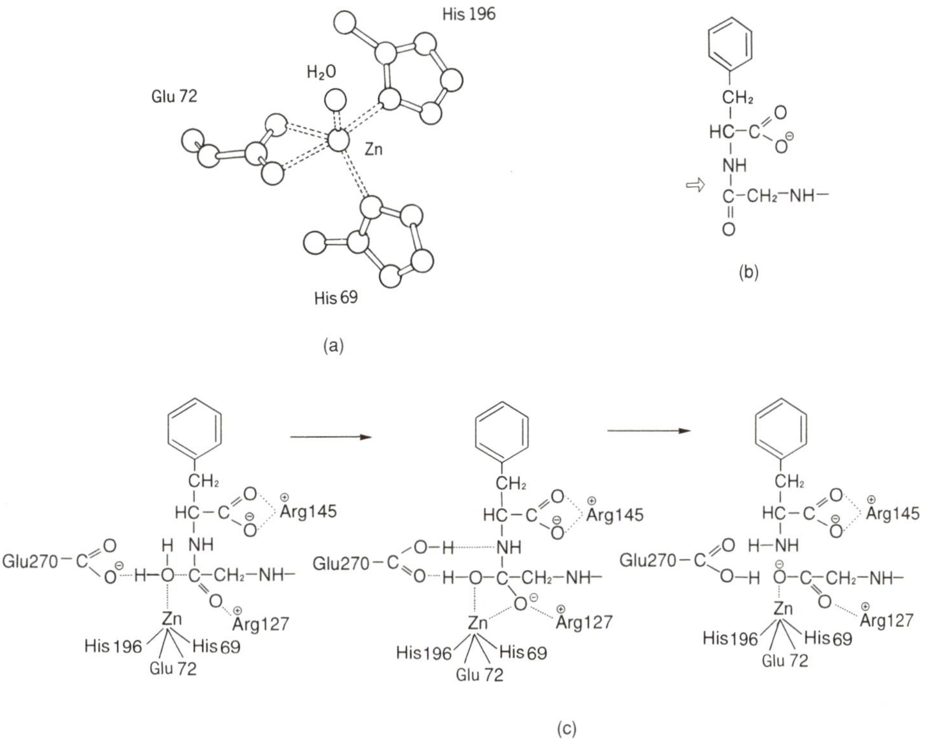

図 7-16 カルボキシペプチダーゼ A の活性部位にある Zn^{2+} の配位構造
(a) 反応物質がないとき。グルタミン酸 (Glu72) は 2 座配位子なので H_2O を含めた 5 配位構造をとる。(b) 加水分解を受けるペプチドの構造。矢印で示したペプチド結合が切断される。(c) ペプチドが加水分解される過程。
(L. Stryer, "Biochemistry (4th edition)", W. H. Freeman and Company, の 219 頁の図および M. Perutz, "Protein Structure", W. H. Freeman and Company, の 153 頁の図を一部改変)

カルボキシペプチダーゼ A は，消化酵素の仲間で，ペプチド鎖のカルボキシル末端にあるペプチド結合の加水分解反応 (7·1 のコラム参照) を促進する。カルボキシル末端のアミノ酸が，芳香族アミノ酸の場合に高い酵素活性が示される。この酵素の分子表面には反応場 (活性部位) となる深い溝があり，その中にグルタミン酸，二つのヒスチジン，および H_2O 分子が配位結合した Zn^{2+} がある (図 7-16a)。Zn^{2+} に配位した H_2O は，近くにあるグルタミン酸 270 のカルボキシル基の負電荷の助けで分極し (図 7-16c)，加水分解反応の反応物質としてはたらく。ペプチド鎖 (図 7-16b) が結合すると，この H_2O の O 原子がペプチドのカルボニル基の C 原子を攻撃して加水分解反応が起きる (図 7-16c)。このように，Zn^{2+} は，タンパク質分子内の反応の場に反応物質を配置させる効果と，それにより反応物質となる H_2O を活性化して加水分解反応を起きやすくする効果との二つの役割を果たして，カルボキシペプチダーゼの触媒活性に貢献している。

最近，**プロテインホスファターゼ**の分子構造が明らかにされた。この酵素は，タンパク質分子のリン酸化セリンやリン酸化トレオニンを加水分解してリン酸基をはずす反応を触媒する (4 章，4·4·3 (c) 参照)。酵素の活性部位には，Fe と Zn を核にした錯体 (二核錯

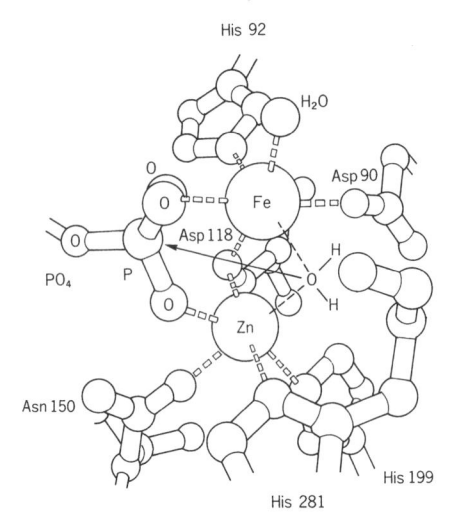

図7-17 プロテインホスファターゼの活性部位にある Fe と Zn の配位構造
図に示した位置に H_2O をもう1つ入れると，それぞれの6配位構造が完成し，この H_2O が分極して P を攻撃することができる。（J. P. Griffith et al., Cell, vol. 82 (1995), 511頁の図を一部改変）

体という）がみとめられた（図7-17）。

　二つの金属イオンは，アスパラギン酸118のカルボキシル基の O 原子でつながれており，それぞれが，反応物質であるリン酸の O 原子も含めて5つのリガンドと結合している（図7-17）。Fe の6配位構造を完成するためには図に示した位置に H_2O を置けばいいのだが，こうすることで，Zn の6配位構造もできあがる。H_2O が，この位置にあるとリン酸の P 原子からの距離が3Åくらいになり，この H_2O を分極させると，リン酸化されたタンパク質の加水分解（**脱リン酸化**）反応がすすむことが示された。Fe と Zn は，二つの反応物質をふさわしい位置に配置し，一方の反応物質（H_2O）を活性化することで反応を起こりやすくしている。

　タンパク質，核酸をはじめ**生体分子中の窒素**（N）原子は，空気中の N_2 分子に由来する。N 原子は，肥料あるいは土中に含まれる NH_3，または NO_3^- という分子形態で植物の根から細胞にとり込まれて，いろいろな生体物質に変換される。動物細胞は，C 原子ばかりでなく N 原子についても植物細胞に依存するところが大きい。しかし，植物細胞も，空気中の N_2 分子を直接取り込み利用することはできない。空気中の N_2 分子は，いくつかの細菌，藍藻によって NH_3 に変換（還元）され，植物細胞は，それを利用する。より身近な例としては，マメ科植物の根に共生する根粒菌による，N_2 の NH_3 への還元がよく知られている。このため，**根粒菌**を持つクローバ等のマメ科植物は，人工的な窒素肥料を必要としない。これらの微生物が，N_2 をとりこみ NH_3 へ還元する過程は**ニトロゲナーゼ**という酵素ですすめられている。分子構造が明らかになっている窒素固定菌 *Azotobacter vinelandii* の酵素はヘテロ八量体のタンパク質で，ATP の加水分解反応を伴う8電子還元反応で NH_3 を合成する。

$$N_2 + 8H^+ + 8e^- + 16ATP + 16H_2O \longrightarrow 2NH_3 + H_2 + 16ADP + 16HPO_4^{2-}$$

還元過程で2種類のFe-Sクラスターと，モリブデン(Mo)を含むクラスターが必須成分となる。Moは，7原子のFe，9原子のSとクラスターをつくっており，これにN_2 ($N \equiv N$)が結合してNH_3に還元される。Moが，どんな機構ではたらいているのか，詳細は明らかになっていない。この酵素は天然界では唯一のN_2利用システムであること，Haber法によるN_2を使ったNH_3合成——Fe触媒を使って500℃，300気圧で合成する——に比べて格段に優れた触媒能を持つことから，研究者の注目をあびている。一方，マメ科以外の農作物にN_2固定能を持たせるための研究も興味深い。

7・4・2 酸素の酸化力と毒性

細胞は，O_2の酸化能力を上手に調節しながら使って生きていることはすでに述べた。しかし，一般に**活性酸素**とよばれる極めて反応性の高い酸素分子種が発生する危険性は避けられないこと，それを消去するシステムも準備されていることについては4章で述べた。とくに，ミトコンドリアや赤血球細胞は，O_2を直接利用する場であり，活性酸素の発生する機会が多い。ミトコンドリアや赤血球細胞の機能は，膜構造に依存するところが大きいので，活性酸素による膜構造の破壊を防ぐ必要がある。**スーパーオキシドジスムターゼ**は，活性酸素を無毒な酸素分子に戻す反応（4章，式4-24）

$$2O_2^- + 2H^+ \rightleftharpoons O_2 + H_2O_2$$

を触媒する酵素である。

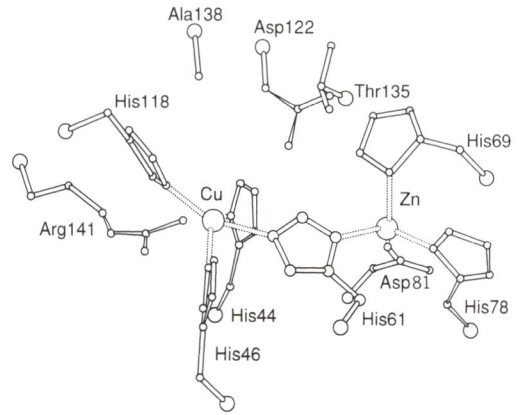

図7-18 スーパーオキシドジスムターゼの活性中心にあるCu^{2+}とZn^{2+}の配位構造
（J. A. Tainer et al., Nature, 306(1983), 284頁の図を一部改変）

ウシ赤血球の酵素は，分子量が35,000で，触媒活性中心にCu^{2+}とZn^{2+}を含んでいる（図7-18）。Cu^{2+}とZn^{2+}は，ヒスチジン61のイミダゾール基で結ばれている。Cu^{2+}には他に三つのイミダゾール基が配位して，全体としてはひずんだ四面体構造をしている。Zn^{2+}も，二つのイミダゾール基と一つのカルボキシル基（アスパラギン酸）に囲まれて四面体構造を

していて，Cu^{2+} のひずんだ配位構造を安定化している。プラストシアニンのときもそうであったように，Cu^{2+} のひずんだ四面体構造が O_2^- からの電子移動（Cu^{2+} の Cu^+ への還元）を容易にしているようである。O_2^- は，図の Cu^{2+} に対して紙面の上側から，アルギニン 141，トレオニン 135，ヒスチジン 118 ではさまれた空間に拡散してきて Cu^{2+} に配位する。O_2^- からの電子移動で Cu^+ ができると，ヒスチジン 61 との間の配位結合は切れ，生成物の O_2 がはずれる。Zn^{2+} に配位したヒスチジン 61 は塩基性が増しており，Cu^+ から解離するとすぐに H^+ が結合する。新たな O_2^- が Cu^+ に配位するときはヒスチジン 61 との結合がないので四面体型の錯体が形成される。O_2^- が Cu^+ を酸化して Cu^{2+} が再生するとともに，O_2^{2-} にヒスチジン 61 と H_2O（アラニン 138，トレオニン 135，ヒスチジン 44 で囲まれる位置に結合している）から二つの H^+ が結合して **過酸化水素**（H_2O_2）ができる。H_2O_2 がはずれると，もとの配位構造に戻る。H_2O_2 も活性酸素の仲間であるが，**カタラーゼ** という Fe を含む酵素の働きで H_2O と O_2 に変換されて無毒になる（4 章，式 4-32）。

$$2H_2O_2 \rightleftharpoons 2H_2O + O_2$$

赤血球には，酸化されやすい **グルタチオン** という物質が高濃度で存在し，誤って生成した活性酸素はこれを酸化するために消費され消滅する。H_2O_2 は，赤血球中に多量に存在するヘモグロビンの Fe^{2+} を酸化して Fe^{3+} に変えてしまう。先に述べたように Fe^{3+} となったヘムでは O_2 輸送ができないので致命的である。**グルタチオンペルオキシダーゼ** という酵素が，H_2O_2 を使ってグルタチオンを酸化する反応を促進する。この酵素の触媒活性中心には，システインのイオウ（S）がセレン（Se）でおきかわったアミノ酸，セレノシステインがあり，H_2O_2 の還元とグルタチオンの酸化に直接はたらいている。

いっぽう，**ペルオキシソーム** とよばれるオルガネラには，H_2O_2 を合成する反応を触媒する酵素（**オキシダーゼ**）と分解する反応を触媒する酵素（カタラーゼ）が多量に含まれていて，O_2 や H_2O_2 の酸化力を有効に利用している。オキシダーゼ反応は，いろいろなタイプの有機化合物から水素原子をとり—有機化合物を O_2 で酸化して—H_2O_2 をつくる。肝臓や腎臓のペルオキシソームでは，この反応で生成した H_2O_2 を使って，血液中に入ってきた有毒物質を酸化して無毒化する。飲酒により血管に入ったエチルアルコールのおよそ 1/4 は，このカタラーゼ反応でアセトアルデヒドに変わる。オキシダーゼ反応で過剰に産生された H_2O_2 は，赤血球の場合と同様にカタラーゼのはたらきで H_2O と O_2 に分解される。このように，O_2 の強い酸化力は，特別のオルガネラのなかで利用されることで，その危険性をできるだけ避けるように仕組まれている。

7・5 化学反応速度の調節と生命

生体内には無数の物質が無数の化学反応で結ばれたネットワークがあり，すべての化学反応の一つずつに対して専用の酵素が割り当てられている。生体内の化学反応は，このネットワークを通じていつも全体的な物質量のバランスを保つように進行している。一方で，

ある物質が一時的に多量に必要になったときには，それを合成する反応を促進する酵素が特別に活性化されて，必要な量だけ供給するようにも調節される。生物機能の多様性は，多数の酵素を臨機応変に調節する仕組みの多様性によっている。

7・5・1 酵素活性の調節

最近の研究の成果をみると，基本的に，酵素はすべて高い活性を示すようにできているといえる。**酵素活性の調節**とは，酵素活性を低くすること —**抑制，制御**— に始まる。そして，酵素の活性化とは，この抑制から解き放すこと —**脱制御**— により，潜在的な高い酵素活性を回復する過程にあたる。ふつうの条件で，酵素の触媒活性を抑制する物質（**阻害剤**）が細胞内にあれば化学反応速度は低く保たれるが，阻害剤が分解してなくなるか，阻害剤の効果を打ち消す物質（活性化物質）が細胞内に出現すれば，酵素分子が本来もっていた高い活性を発揮できるようになる。

酵素反応の調節の引き金となる活性化物質や阻害剤は，どのような機構で細胞内に出現するのだろうか。水中で生活する大腸菌等の細菌は，糖やアミノ酸のような栄養源となる化学物質を溶かしてやるとそれに向かって集まる（**走化性**）。これらの物質が外部から細胞を刺激した結果，刺激物質に向かって移動するために必要な，細胞内の化学反応系が活性化されるのである。多細胞生物でも，基本的には同じような機構がはたらいている。ヒトを含む高等生物では，一群の細胞がまとまり組織を作って一つの機能を遂行している。神経組織や内分泌組織は，他の組織の細胞にはたらきかけ，引き金となる物質を出現させる役割を持つ代表的なものである。神経組織は，すでに述べたように電気信号を伝えて細胞を刺激する。内分泌組織は細胞内で刺激物質 —ホルモン— を合成し，血管に放出して血流に乗せて遠く離れた細胞にとどけて刺激する。

7・5・2 刺激に対する細胞の応答 — 酵素の活性化

細胞が外部からの刺激に応答するとき，二つの代表的な機構が知られている。細胞内のCa^{2+}濃度が一過的に上昇する機構と，**アデノシン3',5'-サイクリック—リン酸（cAMP）**濃度が一過的に上昇する機構である。それぞれの過程で，Ca^{2+}とcAMPが引き金となって，細胞内の化学反応が調節される。Ca^{2+}とcAMPは，細胞外からの刺激（一次伝達物質，ファーストメッセンジャー）に応答する細胞内情報伝達物質という意味で，**二次伝達物質**，あるいは**セカンドメッセンジャー**と呼ばれる。Ca^{2+}濃度の一過的上昇をともなう機構について説明する。

神経の電気信号が刺激となって起きる**骨格筋細胞の収縮と弛緩**の過程は，一過的な$[Ca^{2+}]$の上昇で調節される生理現象の代表的なものである。神経細胞と筋肉細胞が接する位置に電気信号がとどくと，刺激は筋細胞膜上を伝わる。この刺激は，細胞膜に近接して存在する**小胞体（筋小胞体）**膜に伝えられる。筋小胞体は，細胞内のCa^{2+}貯蔵庫であり（図7-1），筋小胞体膜に刺激が伝わると，そこに埋め込まれたCa^{2+}チャネルが開き，貯えら

れている Ca^{2+} が細胞質内に流出する．表 7-1 に示したように静止（弛緩）状態の筋肉細胞内の Ca^{2+} 濃度は低く保たれている（10^{-7} M 以下）ので，一時的な [Ca^{2+}] の上昇は外部からの刺激に対する応答の手段として使われるのである．細胞内 [Ca^{2+}] が 10^{-6} M をこえると，Ca^{2+} は**トロポニン C** や**カルモジュリン**に結合する．トロポニン C やカルモジュリンは，Ca^{2+} と強く結合する能力を持つタンパク質の仲間である．Ca^{2+} を結合したカルモジュリンは**ホスホリラーゼキナーゼ**という酵素に結合してこれを活性化する．この酵素が活性化されると，グリコーゲンのブドウ糖への分解反応が促進され，筋収縮に必要なエネルギー源 ATP の合成が促進される．

　トロポニン C は，筋肉の収縮タンパク質アクトミオシンの成分の 1 つで，これに Ca^{2+} が結合するとアクトミオシンの ATP 加水分解酵素活性が促進され，そのとき放出される自由エネルギーの一部を使って筋肉が収縮する．神経からの刺激が止まると筋小胞体の Ca^{2+} チャネルは閉じ，同じ筋小胞体膜にある Ca^{2+} ポンプの働きで細胞質にある Ca^{2+} は筋小胞体に戻され，静止状態の細胞内 Ca^{2+} 濃度が回復する．Ca^{2+} をセカンドメッセンジャーとする細胞内情報伝達は，骨格筋をはじめとして，平滑筋の収縮調節はもちろん他の多くの組織で多様な調節機構に関与している．細胞内 [Ca^{2+}] は，細胞膜に埋め込まれた Ca^{2+} チャネルやポンプを使って細胞外の Ca^{2+} の出入りによっても調節されている（図 7-1）．表 7-5 に Ca^{2+} が関与する調節過程の代表的なものをまとめた．

表 7-5　細胞内 Ca^{2+} 濃度変化により調節される生理現象

- 筋肉の収縮
- グリコーゲンの分解
- 血小板の凝集（血液の凝固）
- 卵の受精
- 細胞分裂
- 神経伝達物質の分泌
- ホルモンの分泌

　Ca^{2+} は，どのような機構で酵素を活性化するのだろうか．カルモジュリンやトロポニン C には 1 分子あたり四つの Ca^{2+} 結合部位があり 4 分子の Ca^{2+} が結合する．図 7-19 に，カルモジュリンの第 3 番目の Ca^{2+} 結合部位での，Ca^{2+} の配位構造を示した．

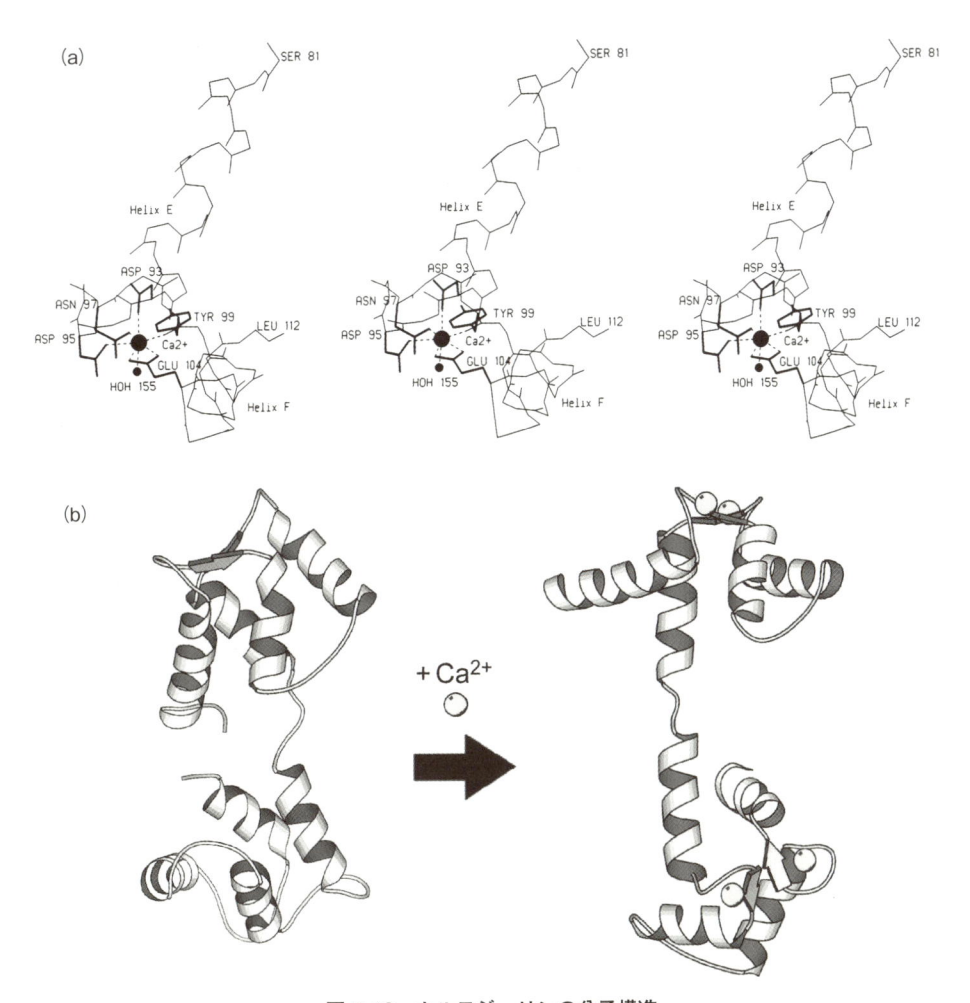

図 7-19　カルモジュリンの分子構造
(a) Ca^{2+} 結合部位での Ca^{2+} 配位構造（ステレオ図）。カルモジュリンの第 3 部位を示したが，他の部位やトロポニン C でもよく似た 7 配位構造である。(b) Ca^{2+} 結合に伴うカルモジュリン分子の構造変化(C. A. McPhalen *et al.* (1991), *Advances in Protein Chemistry*, Vol. 42（Academic Press, Inc.）の 89 頁の図を一部改変)

Ca^{2+} は，おもにグルタミン酸やアスパラギン酸の側鎖のカルボキシル基の O 原子を中心に，7 配位構造をつくって結合している。Ca^{2+} のまわりにこれらの配位子が規則的にならぶことで，タンパク質分子表面の別の領域には，酵素との結合に必要なアミノ酸残基が規則的にならぶ。その結果，カルモジュリンやトロポニン C は標的となる酵素分子に結合し，酵素を活性化することができる。Ca^{2+} は周期律表でアルカリ土類金属(2A 族)に属するが，同じグループに属する Mg^{2+} ではこのような立体構造変化を引き起こすことはできない。水溶液中での Ca^{2+} と Mg^{2+} との構造の違いがタンパク質分子によって識別されている。細胞による Ca^{2+} と Mg^{2+} の使い分けはこれだけに限らず，いろいろな酵素反応で Mg^{2+} を選択的に使う場合がある。

　有機化合物である cAMP を，セカンドメッセンジャーとして使う系では，細胞外から

の刺激があると，cAMPの合成が始まる。刺激が止まると，こんどは，cAMPの分解が始まる。極めて少量のcAMPが合成されるだけで，細胞内化学反応は促進され，刺激に対する素早い応答ができる。およそ10^{-9}MのcAMPがあると酵素は十分に活性化されるが，Ca^{2+}の濃度変化で活性化される系でもおよそ10^{-9}Mのカルモジュリンがあれば酵素は最大の活性を示す。

7・6 遺伝情報と金属元素

　細胞は，分裂をくり返すことで自分と同じ形と機能を持ち，また，新しい機能をも果たすことができる新たな細胞をつくり出す。生物が，形と性質を決め，それを次の世代に引き継ぐ遺伝の仕組みと，そこではたらく因子(**遺伝子**)の物質的実体を解明する努力が続けられてきた。この親から子に伝えられる情報を保持し，子に伝達される物質は**核酸**である。核酸には，**デオキシリボ核酸**(deoxyribonucleic acid, DNA)と**リボ核酸**(ribonucleic acid, RNA)の2種類がある。これらは，いずれもヌクレオチドが縮重合してできる高分子ポリマーである。たいていの場合，遺伝情報はDNAに記録されている。親の細胞のDNAが複製(コピー)され，そのコピーが子の細胞のDNAとして伝えられることが遺伝の物質的な過程である。

　DNAに書きこまれた情報にもとづいて，細胞が形をつくり，機能を発揮する過程でRNAは必要ないろいろな手助けをする。前の節までに述べたように，細胞の機能は，個々の機能に固有な多数のタンパク質分子のはたらきによって維持されている。これら多様なタンパク質分子の構築に必要な設計図にあたる情報もDNAの構造に書きこまれている。そして，その設計図に基づきタンパク質分子を組み立てる過程は，タンパク質分子のはたらき(機能)があって初めて可能になる。細胞内の代表的な生体高分子である核酸とタンパク質は，それぞれ固有の役割を分担しながら細胞の生命活動を維持している。ここでは，核酸の構造を概観して遺伝の基本原理を理解することに重点をおく。最後に，金属元素が果たす役割の例についても紹介する。

7・6・1 核酸はヌクレオシドリン酸のポリマー

　核酸は，ヌクレオシド5'-リン酸(**ヌクレオチド**)をモノマー単位としてできるポリマーである。**ヌクレオシド**は，プリン(アデニン(A)，グアニン(G))またはピリミジン(シトシン(C)，チミン(T)，ウラシル(U))塩基が，糖(D-リボースまたはD-2-デオキシリボース)のC1位にN-β-グリコシド結合したもので，5'-リン酸基は隣り合う二つのヌクレオシドをC3'→C5'方向にエステル結合で連結する。D-リボースを成分とするリボ核酸(RNA)，D-2-デオキシリボースを成分とするデオキシリボ核酸(DNA)がある(図7-20)。

　ポリヌクレオチドの構造は，5'→3'の向きで記述する(図7-20)。5'末端にはリン酸基を付け，3'末端は遊離の-OH基として記述するならわしになっている。

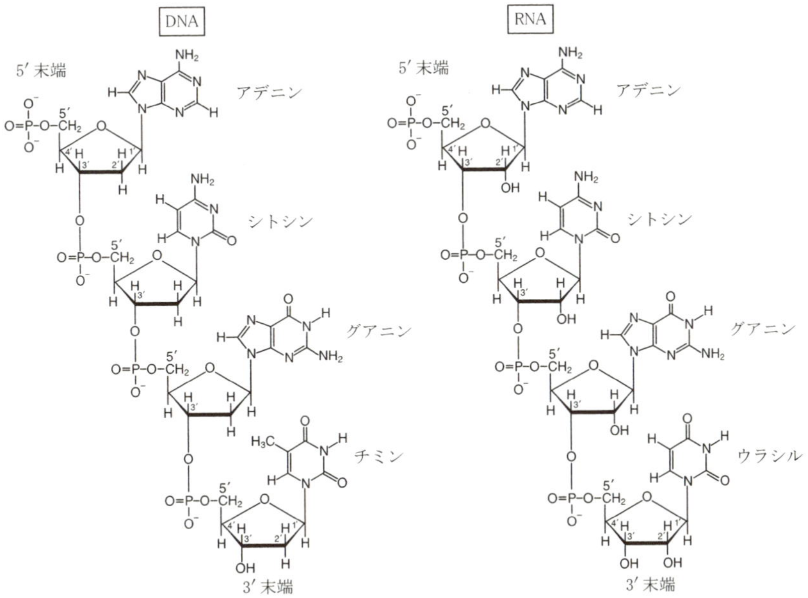

図7-20　DNA および RNA の構造
それぞれをテトラヌクレオチドとして表した。

7・6・2　DNA は二重らせん構造

　高等生物の DNA は細胞の核の中にあり，一対の逆向きの鎖が右巻き**二重らせん**構造をつくっている（図7-21）。主鎖の糖リン酸結合はらせんの外側で水に接し，両鎖からららせんの中心に向かって塩基がのびている。塩基は A・T 間，および G・C 間で水素結合して**塩基対**（**相補的塩基対**という）を形成し（図7-21c），らせん軸にほぼ垂直な平面をつくって重層する。また，らせんを形成する糖-リン酸主鎖間には大小二種類の溝ができる（図7-21a）。

　互いに逆向きの2本のポリヌクレオチド鎖は，一方の鎖の 5'→3' 塩基配列がもう一方の鎖の 3'→5' 塩基配列に対して順に相補的塩基対を形成できる配列（相補的塩基配列）になっているので，特異的に結合して二重らせんを形成する。こうしてできる塩基対の非極性重層構造は遺伝情報そのものであり，親水性の糖とリン酸基で二重に取り囲まれることにより親水性の核内環境から保護・隔離されている（図7-21b）。

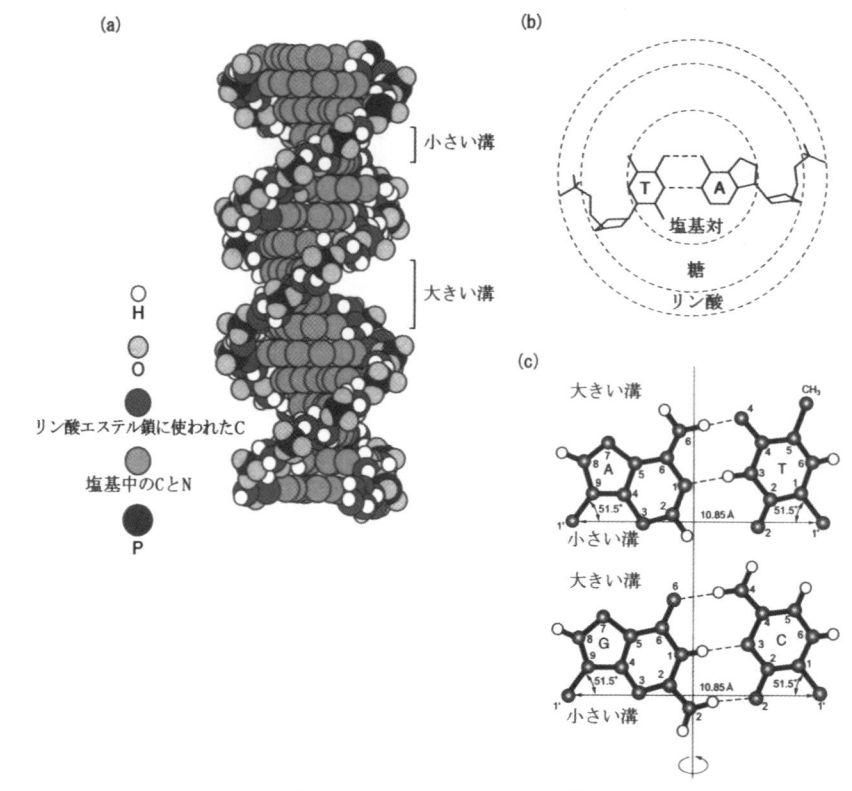

図7-21 DNAの二重らせん構造
(a) らせん構造を横から見た図。(b) らせん軸を上から見た図。水素結合で結ばれた塩基対平面（遺伝情報）を親水性の糖とリン酸基が同心円状に取り囲み保護している。(c) 相補的塩基対。両塩基対でC1'原子間の距離は等しく，C1'を結ぶ直線と塩基のグリコシド結合のなす角は等しい。A·T塩基対は2本，G·C塩基対は3本の水素結合で結ばれる。

7・6・3 遺伝情報の発現と調節—金属元素が機能できる過程

　ここまで，遺伝子の実体としてのDNAの構造から始めて，DNAの塩基配列として記録された遺伝情報の複製による保存と伝達の仕組み，転写・翻訳によるタンパク質合成を経た細胞のかたち・機能として表現される仕組み—**遺伝子の発現**—について学んだ(142, 143ページのコラムを参照)。これらの過程で無機化合物が主体的に関与する過程はほとんど見いだせない。ここでは，DNAの二重らせん構造は精巧な完成品であり，主鎖を構成するリン酸基が遺伝情報としての相補的塩基対を極性環境から遮蔽するという重要な役割を強調するべきであろう。

　いっぽう，RNA分子は一本鎖であり，ヌクレオチド配列に依存する決まった高次構造をもつ。一本鎖上の離れた位置に相補的塩基対を形成できる連続的な配列をもつ場合，RNA鎖は折り返して塩基対を形成しDNAに似たらせん構造を形成する(tRNA分子の模式図を参照)。らせん構造を形成しない場合，一本鎖構造の安定化にはリン酸基の負電荷

の反発を抑えることが重要であり，tRNAの立体構造形成にMg^{2+}などの2価金属イオンがその役割をはたすことが明らかになっている。

　金属元素の貢献を考えるとき忘れてはいけないのは，細胞はいつもすべての遺伝情報を発現しているわけではないという点である。生きていくために定常的に必要な遺伝子は一定のレベルで連続的に発現するが（**構成的発現**），ある特別な条件におかれたときだけ発現する（**誘導的発現**）遺伝子もある。細胞は，その栄養状態に応じて，また，高熱・紫外線・化学薬品にさらされる等の外部環境変化に由来する刺激やストレスに応じて特定の遺伝子だけを発現することができ，これにより多様な環境の変化に応答し生命を維持する。多細胞生物では，どの細胞も同一の遺伝子をもつが，特定の細胞群ではこの中から特定の遺伝子の組み合わせを選んで発現し，その発現量を調節する。これにより，これら細胞群に個性―固有の機能―が生じる（**細胞の分化**）。多細胞生物は，分化した細胞群がそれぞれの固有の機能を分担することで生命活動を維持している。これらの発現誘導・制御に金属元素が主体的に関与している例がある。

　遺伝子の発現を調節する仕組みはいくつか知られているが，そのうちで最も理解が進んでいる転写調節に焦点をあてる。

　転写は，**RNAポリメラーゼ**がDNAの決められた位置（**プロモーター領域**）に結合することで始まるので，この結合の強さを調節して転写活性を制御できる。また，プロモーターの5'側数千塩基におよぶ領域にまで転写を制御する配列がみとめられる場合があり，ここに転写制御因子が結合すると転写が促進されたり抑制されたりする。**転写制御因子**はDNAと結合する部位（DNA結合部位）と転写を調節する部位（転写制御部位）をもつタンパク質分子である。

　転写制御因子のDNA結合部位の基本構造の一つとして**ジンク（Zn^{2+}）フィンガー構造**が知られている。名前のとおりZn^{2+}フィンガーは，Zn^{2+}を含む配位構造が特徴的な折りたたみ構造をつくり，そこに含まれるαヘリックスが，特異的な塩基配列（応答エレメント，5'-AGAACA-3'など）を認識して二重らせんの大きい溝に入り込んで結合する。これにより転写制御部位がRNAポリメラーゼと相互作用できるようになり遺伝子の転写を調節する。細胞がステロイドホルモンや甲状腺ホルモンによる刺激を受けると，Zn^{2+}フィンガーをもつ転写制御因子がホルモンと結合して核内に入り標的となる遺伝子の転写を調節する。このとき，Zn^{2+}は4つのCys残基のS原子と配位構造をつくりDNA結合部位の構造を安定化する。マウスの転写因子Zif 268を構成するZn^{2+}フィンガーでは，二つずつのHisおよびCys残基がZn^{2+}に配位している（図7-22）。

遺伝の仕組みと遺伝情報の発現

　DNAを構成する互いに逆向きの2本のポリヌクレオチド鎖は，一方の鎖の5'→3'塩基配列がもう一方の鎖の3'→5'塩基配列に対して順に相補的塩基対を形成できる配列（相補的塩基配列）になっている。このため，2本の鎖は特異的に結合して二重らせんを形成することができる。一方の鎖の5'→3'塩基配列が遺伝情報を与え，対をつくる鎖は鋳型鎖として遺伝情報の保持と発現に寄与する。

DNAの複製—遺伝情報の伝達

　DNAは二重らせんを構成するそれぞれのヌクレオチド鎖を鋳型にして，互いの相補鎖を合成することで複製される。DNAの複製反応は二重らせん構造を部分的にほどくことで始まり，DNAポリメラーゼ反応により4種の塩基構造をもつデオキシリボヌクレオシド5'-三リン酸から相補的塩基対をつくるヌクレオシド5'-一リン酸を取りこんで進む。細胞が分裂する前に二本鎖DNAは複製され，分裂とともに娘細胞に分配される。このようにして，子は親と同じ遺伝情報をもつことができる。

転写—RNAの合成

　細胞にはRNAがDNAの10倍くらい含まれる。RNAは，機能に基づき次の3種類に分類される。リボソームRNA（rRNA）は最も多量に含まれ，リボソームを構成しタンパク質合成の場となる。メッセンジャーRNA（mRNA）は，ポリペプチド鎖（タンパク質）を合成するときの鋳型としてはたらく。トランスファーRNA（tRNA）は，20種類のアミノ酸をそれぞれ特異的に認識し結合してリボソームに運び，mRNAの鋳型情報に従ったペプチド鎖の合成（遺伝情報の翻訳）に寄与する。

　RNAは，DNAの二重らせんを構成する一方の鎖（鋳型となるDNA鎖で，3'→5'方向に読みとられる）に相補的な塩基配列をもつポリリボヌクレオチド鎖として合成され（遺伝情報の転写），遺伝情報の発現を助けて細胞の性質を決める。RNAの合成反応も二重らせん構造を部分的にほどくことで始まり，RNAポリメラーゼ反応により4種の塩基構造をもつリボヌクレオシド5'-三リン酸から相補的塩基対をつくるヌクレオシド5'-一リン酸を取りこんで進む。このとき，DNA鎖のアデニンに相補的な塩基としてウラシルが取り込まれる。

翻訳—タンパク質分子の合成

　タンパク質分子は，アミノ酸がペプチド結合でつながったポリマーであり，mRNAに転写された塩基配列（DNAの塩基配列，遺伝情報）で指定されるアミノ酸を順にリボソーム上に並べてつくられる。材料となる20種類のアミノ酸は，tRNAがそれぞれを認識し活性化して運んでくる。

　DNAの鋳型鎖からmRNAに転写された遺伝暗号（遺伝コード）はDNAの塩基配列のコピーであり，5'→3'方向に3塩基ずつが一つの遺伝コードの単位（コドン）となり，20種類のアミノ酸を指定する。隣り合うコドンの塩基配列が重複して読まれることはなく，mRNAの5'→3'方向のコドンの配列順序が，タンパク質のアミノ末端から始まるアミノ酸配列順序に対応する。たとえば，AUGはMetを，CAGはGln，GAUはAsp，CGAはArgを指定するコドンである。遺伝コードの詳細については生物化学の教科書を参考にして欲しい。

7章 生命現象と金属元素

相補的な塩基配列をもつDNA鎖

3'　5'

5'　3'

鋳型鎖　コード鎖

→ 塩基対の形成 →

DNA二重らせん

5'　3'

相補的塩基対
A — T
G — C
T — A
C — G

→ 転写（RNA合成） →

鋳型となるDNA鎖

3'

5'

伸長中のRNA鎖

二重らせんが部分的にほどける

5'

コード鎖と同じ塩基配列をもつRNAができる

↓ 複製（DNA合成）

相補的な配列をもつDNA鎖をつくる

伸長中のDNA鎖

伸長中のDNA鎖

二重らせんが部分的にほどける

↓

同じ配列をもつ二重らせんが2つできる

↓ 翻訳（タンパク質合成）

伸長中のペプチド鎖

Met—Gln—Pro—Glu—Asp

アミノ酸を結合したtRNA

Arg

tRNA

5'　リボソーム　mRNA

コード鎖の塩基配列に対応するポリペプチド鎖ができる

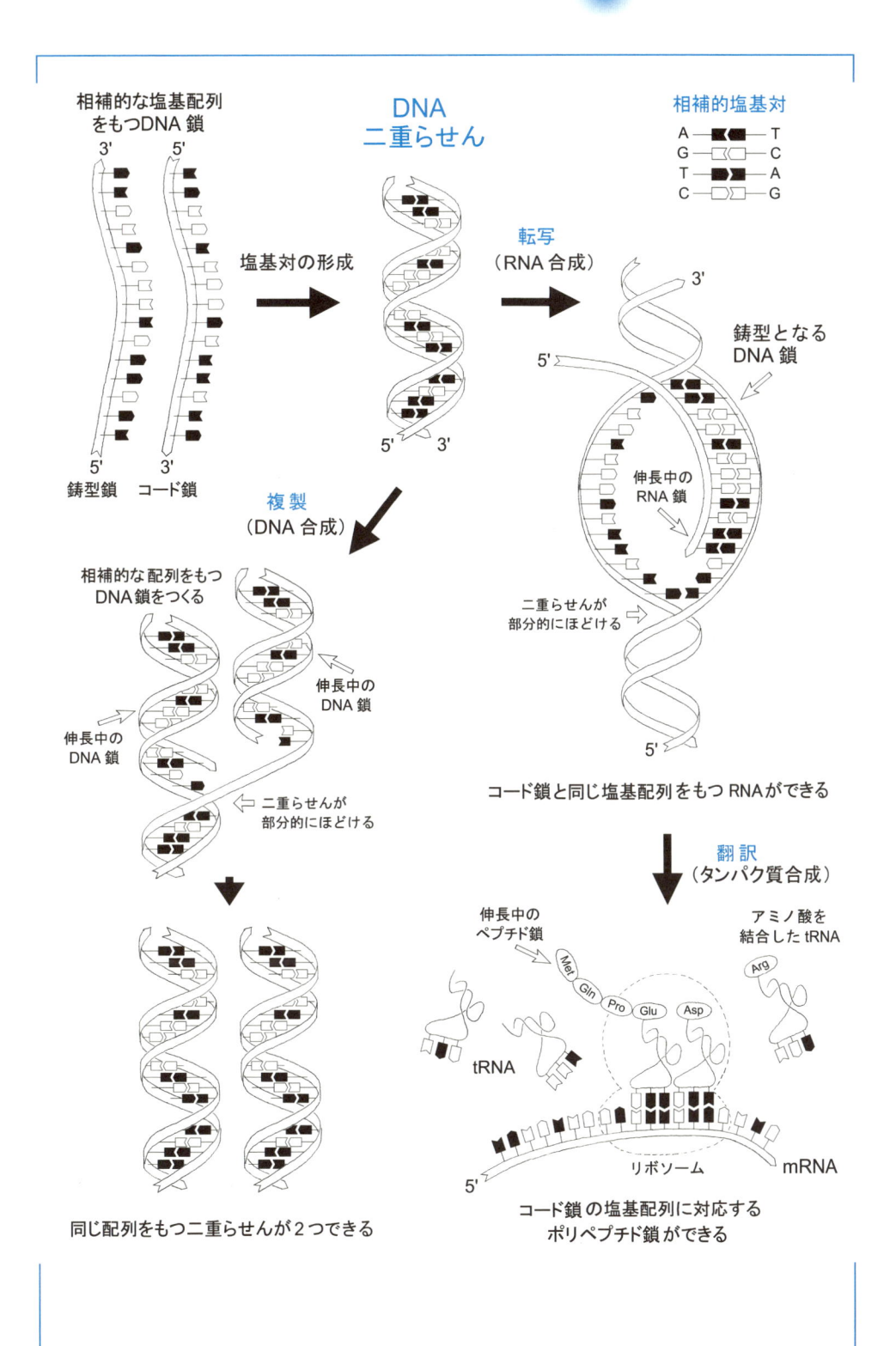

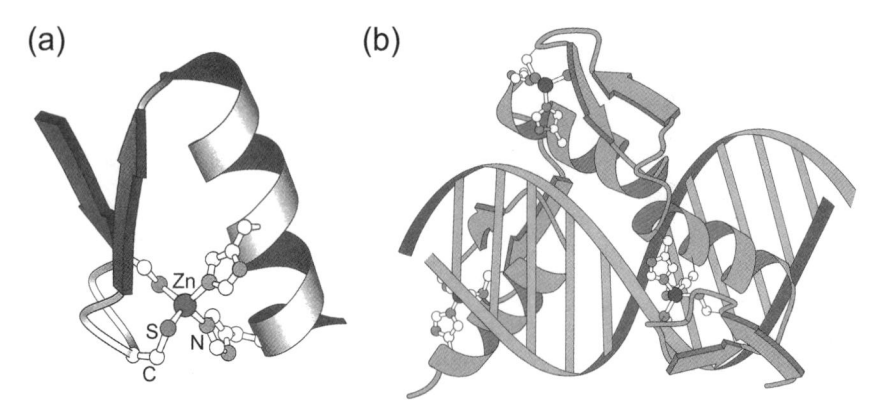

図 7-22 転写因子 Zif 268 を構成する Zn²⁺フィンガーの構造
(a) Zn^{2+} は Cys 残基の S, His 残基の N と配位構造をつくる。(b) 連続する三つの Zn^{2+} フィンガーが, DNA の塩基配列を認識して大きい溝に入り結合する。(松本和子監訳,「生物無機化学」,(東京化学同人)図 7-5, 6 を一部改変)

メタロチオネイン(分子量 6,000)は, 体内に入った有毒な重金属イオンと結合して解毒する機能を持つタンパク質である。メタロチオネイン遺伝子の転写も 5' 側上流にあるプロモーターにより調節されるが, Cd^{2+} などの重金属イオンが存在すると転写が促進されメタロチオネインの発現が増す。プロモーターの 5' 側上流に重金属イオンに応答する配列があることが確認されている。

Zn や Cd が遺伝情報の発現を調節する例を示した。この他にも, Fe イオン代謝に関与するフェリチンやトランスフェリン受容体の翻訳が, Fe^{2+} の濃度に依存して変わることが知られている。これらをコードする mRNA の非翻訳領域には Fe 応答配列があり, Fe^{2+} 濃度が下がると翻訳が抑制される。

7・6・4 遺伝子構造の変異と損傷 — 進化と発ガン

DNA の二重らせん構造を見ると遺伝情報は安定で静的なものととらえたくなるが, 実際には DNA は動的な分子であり遺伝情報は変動する。DNA の複製過程における塩基対の選び方の間違いはもちろんのこと, 化学物質の作用や放射線被曝による DNA の損傷によって遺伝子の構造は変わり, **変異**が生じうる。生じた変異はランダムなものであり, 個体の生存における有利さを基準とする自然選択のふるいにかけられ有利なものが引き継がれていく。この過程が, 生物の歴史的な**進化**と捉えられてきた。多細胞生物では, 精子や卵子など生殖細胞に起きた変異だけが遺伝や進化の対象になり子孫に伝わる。

DNA を構成する塩基が吸収する 260 nm 域の強い紫外線をあてると, DNA 鎖内の隣接するチミン塩基がそれぞれの C5, C6 間で架橋してシクロブタン環をつくる。これにより塩基対形成は邪魔され複製や転写がうまく進まなくなる。電離放射線(放射能)に曝されると直接, または H_2O から生じるヒドロキシルラジカル(・OH)の作用で DNA 鎖(リン酸エステル結合)が切断されるなどの損傷を受ける。同様に, 細胞内の酸化代謝系で誤って生

じる活性酸素種 O_2^-, ・OH, H_2O_2 など(7・4・2参照)も DNA を傷つける。

食品保存剤として知られる亜硝酸(HNO_2)塩や，ジメチル硫酸，エチルニトロソ尿素などのアルキル化剤は代表的な**化学変異源物質**であり DNA 損傷を誘発する。HNO_2 はシトシン塩基を脱アミノしてヒドロキシ基をもつウラシル塩基に変える。グアニン塩基のメチル化により生じる O^6-メチルグアニンはチミンとも塩基対をつくる。

このようにして生じる DNA 鎖の異常は，正常細胞に備わっている修復系の働きで修復される。修復系の働きが不十分な場合に変異が固定することになり，多細胞生物では細胞死や，**発ガン**などの傷害が発生する場合がある。

白金配位化合物である**シスプラチン**(図 7-23)は優れた**抗ガン剤**として知られている。シスプラチンを早期に静脈注射で投与すると，睾丸の腫瘍を 90%治癒することができる。白金は，二重らせんの大きい溝内で GG 配列の二つのグアニンの N7 に付加結合し DNA の複製を妨げることで腫瘍細胞を殺す。このとき，付加結合物の二つのグアニン環はほぼ直行する位置関係にあるため(図 7-23(b))GG を含む DNA の二重らせん構造は白金側に折れ曲がる。白金のように生体成分に取りこまれない金属は，X 線撮影の造影剤として利用される Ba 塩の例も含めて診断薬や治療薬の創製を目指すターゲットになりうる。

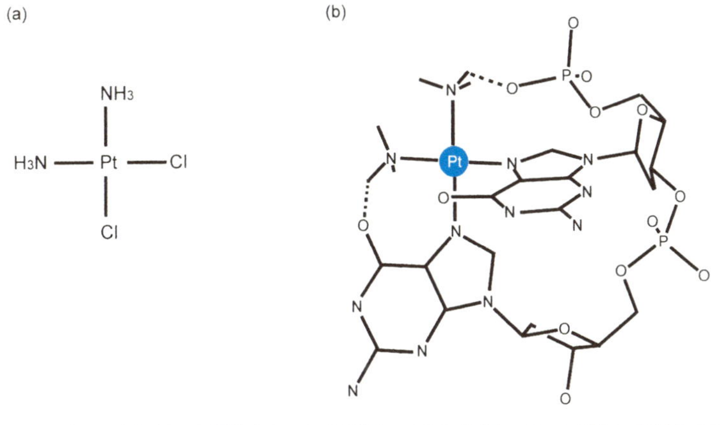

図 7-23　シスプラチンの構造(a)，および短い DNA 鎖(5'-pGpG-3')との結合(b)
付加結合物の二つのグアニン(G)環は，ほぼ直交している。

◆ 練習問題の解答例 ◆

1章の解答

1. （a）ペットボトル1本の重さは 1,000 g = 1×10^3 g だから 6×10^{23} 個あると $1 \times 10^3 \times 6 \times 10^{23}$ g = 6×10^{26} g，地球の重さの約 1/10 となる。

   （b）円盤1個の面積は $3.14 \times (0.1)^2$ cm^2 = 0.0314 cm^2

   地球と同等の球の表面積は $4 \times 3.14 \times (6.38 \times 10^8)^2$ cm^2 = 511.2×10^{16} cm^2

   $$\frac{511.2 \times 10^{16}}{0.0314} = 1.63 \times 10^{20}$$

   1.63×10^{20} 枚で球体を覆いつくせるから 6×10^{23} 枚で 3,680 回覆えることになる。

2. 0.2 g のダイヤモンドは 0.0167 モルの炭素元素に相当する。$0.0167 \times 6.02 \times 10^{23}$ 個 = 1.0×10^{22} 個の炭素原子となる。

3. 水1モルは水素原子2モル，酸素原子1モルよりなる。原子1モルの質量は，原子量に g 単位をつけた量とみなせるので 18.0 g と計算できる。

4. 3と同様に食塩の化学式より 58.5 g

5. 水 180 ml の質量は 180 g だから分子量で割るとモル数が求められ，10 モルとなる。

6. D 原子は陽子1個と中性子1個をもつので質量数は2である。D 原子1モルの質量は 2.0 g とできるので，したがって重水1モルの質量は 20.0 g。

7. 0℃，1気圧で1モルの気体分子はその種類によらず 22.4 l の体積を示す。したがって 1 l 中の気体分子は 0.0446 モルであり，その 21 % が酸素分子なのだから酸素分子は 0.00938 モルと計算できる。

   気体分子数 = $0.0446 \times 6.02 \times 10^{23}$ = 2.68×10^{22}，

   酸素分子数 = 5.65×10^{21}

8. 1モルの炭素原を考えると，表 1-2 の割合で ^{12}C と ^{13}C が存在するのだから

   $1 \times 0.9889 \times 12 + 1 \times 0.011 \times 13 = 12.0098 = 12.01$

9. （a）H:H， （b）H:$\ddot{\text{O}}$:H

10. 炭素；$2s^2 2p^2$，窒素；$2s^2 2p^3$，ナトリウム；$3s^1$，リン；$3s^2 3p^3$

2章の解答

1. $$\text{H}_2 + \frac{1}{2}\text{O}_2 \longrightarrow \text{H}_2\text{O}$$

   この化学反応式は1モルの水素分子（6.02×10^{23} 個の水素分子）と 1/2 モルの酸素分子（$0.5 \times 6.02 \times 10^{23}$ 個の酸素分子）から1モルの水分子が生成することを意味し，1個の酸素分子の半分が反応することを意味しているわけではない。

2　(a)　部屋の体積は $2.64\times10^4\,l$ ∴ $2.64\times10^4\times0.934\times10^{-2}=247\,l$

　(b)　$247/22.4=11.0$ モル

3　(a)　2と同様に $2.64\times10^4\times5.24\times10^{-6}=13.8\times10^{-2}\,l=13.8\,\mathrm{m}l$

　(b)　$0.0138/22.4=6.16\times10^{-4}$ モル

4　17 ページで計算した水素原子の場合同様に計算できる。答 567 kcal/mol

5　水の質量＝36 kg，水分子の質量中水素と酸素の質量比は 1：8 である。したがって水素＝4 kg，酸素＝32 kg だから，水素＝4,000/1.0＝4000 モル，酸素＝32,000/16＝2,000 モルとなる。

6　体重 60 kg の人に存在する水以外に含まれる水素＝2 kg，酸素＝7 kg と計算できる。水素＝2,000/1.0＝2000 モル，酸素＝7,000/16＝437.5 モル，したがって水素：酸素のモル比は 1：0.22 となる。

3 章の解答

1　ナトリウム；海水 1 l 中に 11 g 存在する。ナトリウムのモル数＝11/23.0＝0.478 だから濃度は 0.478 M(478 mM)。カリウム；同様にして，0.0105 M(10.5 mM)。

2　140 mM の Na^+ 溶液は 1 l 中に 3.22 g のナトリウムを含む。細胞外液の質量は $60.0\times0.60\times0.35=12.6$ kg でこの体積は 12.6 l。Na の質量は 40.6 g である。

3　食塩の分子量は 58.5，求める食塩の質量を xg とすると，$x/58.5=0.140$ を満たす x を求めればよい。$x=8.19$

4　$2NaOH+CO_2 \longrightarrow Na_2CO_3+H_2O$

5　$CaCO_3+CO_2+H_2O \longrightarrow Ca^{2+}+2HCO_3^-$
(生物は自然界で起こるこの化学反応の結果生じたカルシウムイオンや炭酸水素イオンを吸収し，体内でこれとは逆向きの反応を行い炭酸カルシウムを生成する。貝殻や鶏卵の殻は炭酸カルシウムが主成分である)

6　$2CH_3COOH+CaCO_3 \longrightarrow Ca(CH_3COO)_2+H_2O+CO_2$
$(2CH_3COOH+CaCO_3 \longrightarrow Ca^{2+}+2CH_3COO^-+H_2O+CO_2)$

7　ナトリウムは広い温度範囲(97.8〜881.4℃)で液体状態を保ち，また地球上に豊富に存在する食塩から製造できる。欠点は水と激しく反応する点である。

4 章の解答

1　$C_4H_{10}+\dfrac{13}{2}O_2 \longrightarrow 4CO_2+5H_2O$

2　この硫酸 1 l の質量は 1200 g で，$1200\times0.3=360$ g の硫酸分子を含む。硫酸の分子量は 98.12 だから 360/98.12＝3.64 M。

3　Al_2O_3 分子中の Al：O の質量比は 1：0.89，したがって 1 g の Al がすべて Al_2O_3 となると，その質量は 1.89 g となる。Al の地殻存在量は $81.3\times10^3\,\mu\mathrm{g/g}$，つまり 81.3 kg/t だから相当する Al_2O_3 は 153.7 kg/1 t となる。

問題 4 で得た結果にこの濃度および pK 値を入れ，pH＝6.98 を得る。

4　混合気体の成分体積比はモル比に等しい。混合気体合計で 1 モルとし，各成分のモル比を記述し，分子量から各成分の質量を計算する。全質量に占める各成分の質量比を求めればよい。

	体積(%)	モル比	質量	質量比(%)
N_2	74.9	0.749	20.97	73.1
O_2	15.3	0.153	5.00	17.4
CO_2	3.6	0.036	1.58	5.51
H_2O	6.2	0.062	1.12	3.91

5　$HCl + NaOH \longrightarrow NaCl + H_2O$

　　$H_2SO_4 + 2NaOH \longrightarrow Na_2SO_4 + 2H_2O$

　　$H_2CO_3 + 2NaOH \longrightarrow Na_2CO_3 + 2H_2O$

6　ダイヤモンドは sp^3 混成軌道をもつ炭素原子が 4 本の混成軌道すべてを使い他の炭素原子と結合した結晶構造をもつので，自由に動ける電子がなく電気伝導性を示さない。黒鉛は sp^2 混成軌道をもつ炭素原子が 3 本の混成軌道を使い他の炭素原子と結合した構造をもつので，混成に参加しなかった p 電子が自由に動けるので電気伝導性を示す。

7　図 4-3 (c) で示した sp 混成軌道をもつ 2 原子の炭素をお互いに近づけてみると，図の塗りつぶした混成軌道部分の重なり合いで 1 組の σ 結合を形成し，混成に参加しなかった p 軌道の重なり合いにより 2 組の π 結合を形成する。合計 3 組の結合からなる。

8

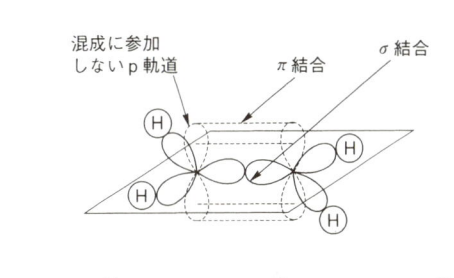

9

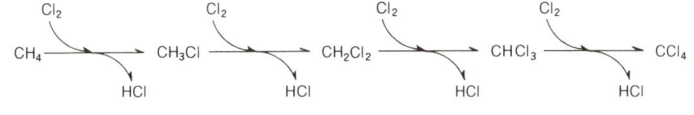

I_2 を反応させた場合には Cl_2 のかわりに I_2 を入れる。$CHCl_3$ はクロロホルムと呼ばれ強い麻酔性を有し，CHI_3 はヨードホルムと呼ばれ消毒薬として使われる。

10　HCl 分子では塩素の強い電気陰性度により分子は分極しており $H^+ \cdot Cl^-$ のようにイオン結合的性質をもっている（結合力全体の約 25％がイオン結合力であると見積もられている）。水の中では H^+ や Cl^- イオンとして水和する方がより安定になるためと考えられる（食塩の水に対する溶解性を考えよ）。

5 章の解答

1 ① (a) 2.87, (b) 3.02, (c) 4.21
② (a) 1.78×10^{-4}, (b) 2.51×10^{-5}, (c) 5.62×10^{-10}

2 $\log \dfrac{1}{[H^+]} = \log 1 - \log[H^+] = 0 - \log[H^+] = -\log[H^+]$

3 $\alpha = \Lambda / \Lambda_0 = 0.126$ 5・1・6 の記述に従い pH は求められ pH $= 3.90$

4 (a) 4.0, (b) 10.6, (c) 10.6, (d) 5.45

5

(a)	(b)	(c)	(d)
$[H^+] = 1.0 \times 10^{-2}$ M	$[H^+] = 6.31 \times 10^{-6}$ M	$[H^+] = 3.98 \times 10^{-8}$ M	$[H^+] = 1.58 \times 10^{-13}$ M
$[OH^-] = 1.0 \times 10^{-12}$ M	$[OH^-] = 1.58 \times 10^{-9}$ M	$[OH^-] = 2.51 \times 10^{-7}$ M	$[OH^-] = 6.32 \times 10^{-2}$ M

6 等しいモルの塩酸と塩基が反応して中和が完結される。
塩酸のモル濃度を c とすると $c \times 50.0 = 0.15 \times 40$ の関係から c $= 0.12$ M
(体積は l 単位でとるべきだが,その場合には式の両辺を 10^{-3} 倍するので ml 単位で計算しても同じことになる)

7 5% 硫酸 1l 中には 50 g の硫酸が含まれているので硫酸のモル濃度は 0.51 M。**6** 同様に計算すると水酸化ナトリウムの体積は 25.5 ml。

8 酢酸のモル濃度を **7** 同様に求め,5・1・6 の記述に従い pH を求めるとモル濃度は 0.633 M, pH $= 2.48$ となる。

9 5・3・1 の例題に習い,NaH_2PO_4 と Na_2HPO_4 の濃度を求めると
$NaH_2PO_4 = 0.371$ M,$Na_2HPO_4 = 0.129$ M となる。NaH_2PO_4,Na_2HPO_4 の分子量より
NaH_2PO_4 ; $0.371 \times 120 \times 05 = 22.3$ g
Na_2HPO_4 ; $0.129 \times 142 \times 05 = 9.16$ g

6 章の解答

1 (a) イオン化傾向は Cu > Ag なので,銅がイオン化し同時に銀イオンが銀となる。
(b) 銅は赤色光沢のある金属であるが,その表面に銀が析出して銀色となる。水溶液中の銀イオンは無色であるが,銀イオンの代わりにイオン化する銅イオンは青色のため,反応とともに水溶液は青色に変化する。
   イオン式:Cu $\longrightarrow$ $Cu^{2+} + 2e^-$ $Ag^+ + e^- \longrightarrow$ Ag
(c) 銅原子は酸化され,銀原子は還元される。

2 Na(固体)= Na(気体)+ 昇華熱より,25℃における昇華熱を計算する。25℃の金属 Na を 883℃まで熱してすべて蒸発させるために必要なエネルギーは
$$28.2 \times (97.8 - 25) + 2630 + 30.0 \times (883 - 97.8) + 89100 = 155 \times 10^3 \,(J \cdot mol^{-1})$$
さらに 883℃の Na 蒸気が 25℃に冷却するとき失うエネルギーは
$$20.1 \times (883 - 25) = 17.2 \times 10^3 \,(J \cdot mol^{-1})$$
したがって金属 Na の結合エネルギーは $155 - 17.2 = 137$ kJ$\cdot$mol^{-1}。

3. (a) 配位数 6（炭酸イオン CO_3^{2-} は 2 座配位子），d^6，価数は $-3-(-2\times 3) = +3$

(b) 6（エチレンジアミン en は 2 座配位子），d^3，$+3-(0\times 3) = +3$

(c) 4，d^9，$+2-(0\times 4) = +2$

(d) 4，d^8，$-2-(-1\times 4) = +2$

(e) 6（シュウ酸イオン $C_2O_4^{2-}$ は 2 座配位子），d^6，$-3-(-2\times 2-1\times 2) = +3$

(f) 6，d^6，$+1-(0\times 2-2) = +3$

4. (a) CN^- (b) NH_3 (c) en (d) en

5. (a)

d_{z^2} $d_{x^2-y^2}$

d_{yz} d_{zx} d_{xy}

(b)

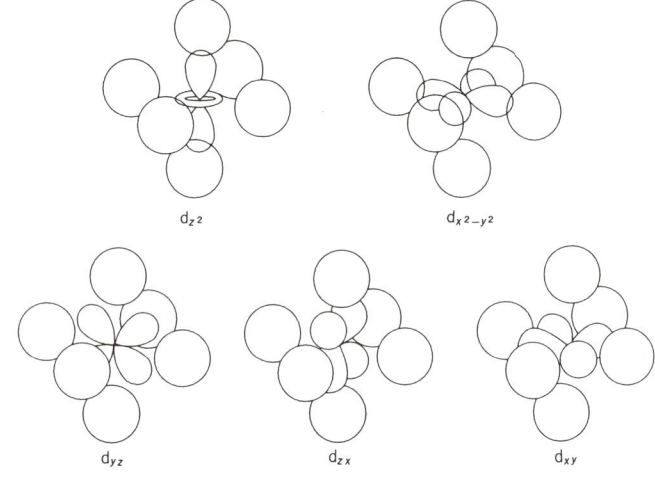

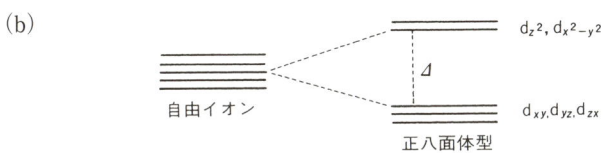

自由イオン 正八面体型 $d_{z^2}, d_{x^2-y^2}$ d_{xy}, d_{yz}, d_{zx}

(c) Fe(II)には 6 個の d 電子がある。配位子が水のときは，分裂によるエネルギー差 Δ は小さい。このとき，d 電子は分裂によるエネルギー Δ よりもスピンの方向ができる限り同じ方向になることで安定化するエネルギー（Hund の規則）が大きいため，エネルギー準位が高い方の軌道にも d 電子が配置されて磁気モーメントは大きくなる。一方，強い配位子 CN^- では分裂のエネルギー Δ が大きいので，すべての d 電子が低いエネルギー準位（d_{xy}, d_{yz}, d_{zx}）に配置されることで安定化し，そのため d 電子のスピンは対になり，磁気モーメントが小さくなる。

配位子 H₂O　　　　配位子 CN⁻

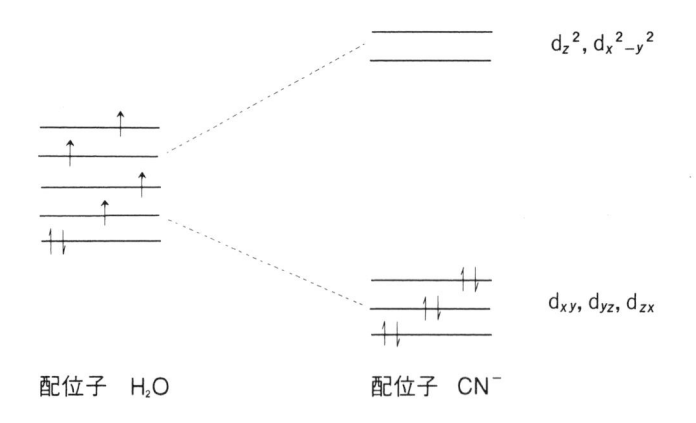

（図：d 軌道のエネルギー準位図。左側 配位子 H₂O では分裂が小さく、右側 配位子 CN⁻ では分裂が大きい。上段 $d_{z^2}, d_{x^2-y^2}$、下段 d_{xy}, d_{yz}, d_{zx}）

6　与えられた式を両辺引くと

$$PbO_2 + 2H_2SO_4 + Pb = 2PbSO_4 + 2H_2O \quad E = +1.813$$

(実際の鉛電池中の硫酸濃度は，標準条件より濃いため，出力される起電力は約 2 ボルトになる。また，自動車などで使われる電池では 6 個の電池が直列に接続されており，出力は 12 ボルトとなっている(4 章，練習問題 2 参照)。

索 引

あ 行

アイソトープ　7
亜硝酸　41
アデノシン 3',5'-サイクリック-リン酸　135
アデノシン 5'-三リン酸　43
アデノシン一リン酸　112
アデノシン三リン酸　112
アデノシン二リン酸　112
アボガドロ数　4
アルカリ金属　10, 22
アルカリ土類金属　22
アルマイト　30
アルミナ　30

イオン化エネルギー　10
イオン化傾向　73
イオン結合　12
イオン結合半径　6
イオン積　63
イオンチャンネル　104
イオン独立移動法則　61
イオンポンプ　104
一原子分子　9
一酸化炭素中毒　127
一酸化窒素　41
遺伝子　138
遺伝子の発現　140
インスリン　53

遠位ヒスチジン　127
塩化カリウム　25
塩化カルシウム　26
塩化ナトリウム　24
塩化マグネシウム　26
塩基対　139
塩酸　56
塩素酸カリウム　25
塩素分子　56

王水　41
オキシダーゼ　120　134
オキシダント　48

オキソ酸　42
オキソニウムイオン　19
オゾン層　45
オゾンホール　45
温室効果　35

か 行

外殻の電子　11
海水のイオン組成　104
化学エネルギー　111
化学結合　11
化学浸透説　115
化学トランスミッター　111
化学変異源物質　145
架橋構造　52
核酸　138
核種記号　7
核融合反応　20
化合物　3
過酸化水素　134
加水分解定数　67
加水分解反応　66
苛性ソーダ　20　24
カタラーゼ　134
活性酸素　47　133
ガラス状態　36
カリウム　23
加硫　53
カルシトリン　129
カルビンディン　129
カルボキシペプチダーゼ A　131
カルボニックアンヒドラーゼ　128
カルモジュリン　136
還元　84
還元剤　114

希ガス　15
希ガス型　15
吸熱反応　19
強酸　63
強電解質　61
共有結合　12

共有結合半径　6
極限モル電気伝導度　60
極性　13
極性分子　13, 49
キレート環　82
近位ヒスチジン　126
筋小胞体　135
金属イオン　130

グルタチオン　134
グルタチオンペルオキシダーゼ　134
クロロフィル a　118
クロロプラスト　116

血管系　123
原子　1
原子核　2
原子番号　3
原子量　3
元素　1　2

抗ガン剤　145
光合成　116
構成的発現　141
酵素活性の調節　135
酵素の触媒作用　130
黒鉛　33
骨格筋細胞の収縮と弛緩　135
混成軌道　33
根粒菌　132

さ 行

細胞内液のイオン組成　104
細胞の分化　141
細胞膜　104
錯イオン　76
錯体　76
三塩基酸　42
酸化　84
酸化カルシウム　26
酸化マグネシウム　26
三酸化硫黄　51

三酸素　45
三重結合　12
三重水素　7
酸性雨　31

次亜塩素酸　56
シアン化カリウム　25
ジェラルミン　30
軸索　109
脂質二重層　104
シスプラチン　145
質量欠損　2
質量数　2
シトクロム類　119
弱酸　63
弱電解質　61
自由エネルギー変化　111
周期表　8
重水素　7
重炭酸イオン　35
主殻　7
受容体　111
昇華　36
笑気ガス　41
硝酸　41
硝酸ナトリウム　24
硝石　38
小胞体　135
小胞体膜　106
シリカゲル　36
シリコン樹脂　38
進化　144
ジンク（Zn^{2+}）フィンガー構造　141
神経細胞　109
神経伝達物質　111
浸透圧勾配　109

水酸化カリウム　25
水酸化ナトリウム　20, 24
水素イオン　18
水素イオン濃度指数　63
水素結合　50
水素電極反応　87
水素分子　18
水和　75
水和水　75
水和熱　75
スーパーオキシド　47
スーパーオキシドジスムターゼ　133

生化学　1
制御　135
青酸カリ　25
生体分子中の窒素　132
青銅　33
セカンドメッセンジャー　135
石英　36
石灰岩　26
赤血球　124
遷移元素　9, 71

走化性　135
相対質量　3
相補的塩基対　139
阻害剤　135

た 行

第一イオン化エネルギー　10
対数　64
ダイヤモンド　33
多座配位子　81
脱水作用　52
脱制御　135
脱リン酸化　132
単結合　12
炭酸　128
炭酸カルシウム　26
炭酸水素イオン　128
炭酸水素ナトリウム　24
炭酸脱水酵素　128
短周期表　10
単体　3

チオ硫酸ナトリウム　24
中性子　2
中和反応　65
潮解　24
長周期表　10
チリ硝石　38
チロキシン　57

デオキシリボ核酸　138
鉄硫黄タンパク質　121
鉄ポルフィリン　119
テフロン　56
テルミット法　30
電解質　59
電気陰性度　13
典型元素　9
電子　2

電子殻　7
電子キャリア分子　119
電子供与体　114
電子親和力　11
電子伝達物質　114
転写　142
転写制御因子　141
電池　87

同位体　7
銅タンパク質　121
ドライアイス　36
トランスフェリン　129
ドルトン　3
トロポニンC　136

な 行

内殻の電子　11
ナトリウム　23
鉛蓄電池　33

二酸化硫黄　51
二酸化ケイ素　36
二酸化窒素　41
二酸素　45
二次伝達物質　135
二重結合　12
二重らせん構造　139
ニトロゲナーゼ　131
尿素　40

ヌクレオシド　138
ヌクレオチド　138

は 行

配位　76
配位化合物　72
配位結合　13, 40, 76
配位子　75, 76
配位子場　81
配位数　76
パイレックス　29
バセドウ病　58
八隅子説　9, 17
発ガン　145
パラトルモン　129
ハロゲン　10, 54

光化学オキシダント　48

ヒドロニウムイオン　19
非ヘム鉄タンパク質　121
標準起電力　87
標準水素電極　87
標準電極電位　87

ファンデルワールス半径　6
フェリチン　129
フェレドキシン　121
副殻　7
フッ化カルシウム　26, 56
フッ化水素　54
フッ化水素酸　55
物質の輸送　123
沸騰　50
不動態　30
ブドウ糖　113
プラストシアニン　121
プロテインホスファターゼ　131
プロトン　18
プロモータ領域　141
フロンガス　45
分極　49
分子量　3

冪指数　5
ヘム鉄　126
ヘムの結合様式　126
ヘモグロビン　124
ヘモグロビンの分子構造　125
ヘリウム　15
ペルオキシソーム　134
変異　144

ボア(Bohr)効果　125
ボーキサイト　30
ポーリング　13, 33
ホスホリラーゼキナーゼ　136
翻訳　142

ま 行

膜電位変化　110

ミオグロビン　125
水ガラス　36
ミトコンドリア　113

ミネラル栄養素　129
ミョウバン　31

無機化学　1
無機高分子化合物　36

メタロチオネイン　144
メタン　33
メンデレーエフ　10

モル　3

や 行

有機化学　1
誘導的発現　141

ヨウ化カリウム　25
陽子　2, 18
ヨウ素デンプン反応　48, 57
溶媒和　75
葉緑体　116
ヨードチロニン　57
抑制　135

ら 行

ラジカル　47

リボ核酸　138
リボソーム　116
硫酸　51
硫酸カルシウム二水和物　26
リン酸　42
リン酸カルシウム　26, 42

レセプター　111

アルファベット

0族　15
1A族　10
2座配位子　81
2座配位子　81
5員環　82
6員環　82
7A族　10

ADP　112
AMP　113
ATP　112
cAMP　135
CH_4　33
deoxyribonucleic acid　138
DNA　138
DNAの複製　142
d元素　9
H^+　18
H_2　18
HA　66
KCL　60
K殻　7
ligand　76
L殻　7
M殻　7
NaCl　60
NaOH　60
NOx　45
N殻　7
Octet rule　17
OEC　123
O殻　7
pH　63
pH緩衝作用　66
pK_a　64
PTH　129
px　28
py　28
pz　28
P殻　7
p型元素　28
p軌道電子　28
P元素　9
Q殻　7
ribonucleic acid　138
RNA　138
RNAポリメラーゼ　141
sp^2混成軌道　34
sp^3混成軌道　34
sp混成軌道　34
S-S結合　52
s元素　9, 22
π結合　39
σ結合　39

著者略歴

八木康一（編著者）
　1926年1月生
　1949年　北海道大学理学部化学科卒業
　現　在　北海道大学名誉教授
　　　　　理学博士

能野秀典
　1944年4月生
　1973年　北海道大学大学院理学研究科
　　　　　博士課程修了
　現　在　元札幌医科大学医療人育成センター准教授

矢沢道生
　1945年4月生
　1973年　北海道大学大学院理学研究科
　　　　　博士課程修了
　現　在　北海道大学名誉教授

桑山秀人
　1952年1月生
　1979年　北海道大学大学院理学研究科
　　　　　博士課程修了
　現　在　帯広畜産大学名誉教授

新版ライフサイエンス系の無機化学

1997年4月10日	初版第1刷発行
2008年4月15日	初版第13刷発行
2009年6月5日	新版第1刷発行
2024年3月20日	新版第12刷発行

Ⓒ　編著者　八木康一
　　発行者　秀島　功
　　印刷者　横山明弘

発行所　三共出版株式会社
郵便番号101-0051
東京都千代田区神田神保町3の2
電話 03(3264)5711　FAX 03(3265)5149

一般社団法人　日本書籍出版協会・一般社団法人　自然科学書協会・工学書協会　会員

Printed in Japan　　　　　　印刷・製本　横山

JCOPY　〈(一社)出版者著作権管理機構　委託出版物〉
本書の無断複写は著作権法上での例外を除き禁じられています。複写される場合は、そのつど事前に、（一社）出版者著作権管理機構（電話 03-5244-5058, FAX 03-5244-5089, e-mail:info@jcopy.or.jp）の許諾を得てください。

ISBN 978-4-7827-0594-0

4桁の原子量表

(元素の原子量は、質量数12の炭素(^{12}C)を12とし、これに対する相対値とする。)

本表は、実用上の便宜を考えて、国際純正・応用化学連合(IUPAC)で承認された最新の原子量に基づき、日本化学会原子量委員会が独自に作成したものである。本来、同位体存在度の不確定さは、自然に、あるいは人為的に起こりうる変動や実験誤差のために、元素ごとに異なる。従って、個々の原子量の値は、正確度が保証された有効数字の桁数が大きく異なる。本表の原子量を引用する際には、このことに注意を喚起することが望ましい。

なお、本表の原子量の信頼性は有効数字の4桁目で±1以内である。また、安定同位体がなく、天然で特定の同位体組成を示さない元素については、その元素の放射性同位体の質量数の一例を( )内に示した。従って、その値を原子量として扱うことは出来ない。

原子番号	元素名	元素記号	原子量	原子番号	元素名	元素記号	原子量
1	水素	H	1.008	60	ネオジム	Nd	144.2
2	ヘリウム	He	4.003	61	プロメチウム	Pm	(145)
3	リチウム	Li	6.941‡	62	サマリウム	Sm	150.4
4	ベリリウム	Be	9.012	63	ユウロピウム	Eu	152.0
5	ホウ素	B	10.81	64	ガドリニウム	Gd	157.3
6	炭素	C	12.01	65	テルビウム	Tb	158.9
7	窒素	N	14.01	66	ジスプロシウム	Dy	162.5
8	酸素	O	16.00	67	ホルミウム	Ho	164.9
9	フッ素	F	19.00	68	エルビウム	Er	167.3
10	ネオン	Ne	20.18	69	ツリウム	Tm	168.9
11	ナトリウム	Na	22.99	70	イッテルビウム	Yb	173.0
12	マグネシウム	Mg	24.31	71	ルテチウム	Lu	175.0
13	アルミニウム	Al	26.98	72	ハフニウム	Hf	178.5
14	ケイ素	Si	28.09	73	タンタル	Ta	180.9
15	リン	P	30.97	74	タングステン	W	183.8
16	硫黄	S	32.07	75	レニウム	Re	186.2
17	塩素	Cl	35.45	76	オスミウム	Os	190.2
18	アルゴン	Ar	39.95	77	イリジウム	Ir	192.2
19	カリウム	K	39.10	78	白金	Pt	195.1
20	カルシウム	Ca	40.08	79	金	Au	197.0
21	スカンジウム	Sc	44.96	80	水銀	Hg	200.6
22	チタン	Ti	47.87	81	タリウム	Tl	204.4
23	バナジウム	V	50.94	82	鉛	Pb	207.2
24	クロム	Cr	52.00	83	ビスマス	Bi	209.0
25	マンガン	Mn	54.94	84	ポロニウム	Po	(210)
26	鉄	Fe	55.85	85	アスタチン	At	(210)
27	コバルト	Co	58.93	86	ラドン	Rn	(222)
28	ニッケル	Ni	58.69	87	フランシウム	Fr	(223)
29	銅	Cu	63.55	88	ラジウム	Ra	(226)
30	亜鉛	Zn	65.38*	89	アクチニウム	Ac	(227)
31	ガリウム	Ga	69.72	90	トリウム	Th	232.0
32	ゲルマニウム	Ge	72.63	91	プロトアクチニウム	Pa	231.0
33	ヒ素	As	74.92	92	ウラン	U	238.0
34	セレン	Se	78.97	93	ネプツニウム	Np	(237)
35	臭素	Br	79.90	94	プルトニウム	Pu	(239)
36	クリプトン	Kr	83.80	95	アメリシウム	Am	(243)
37	ルビジウム	Rb	85.47	96	キュリウム	Cm	(247)
38	ストロンチウム	Sr	87.62	97	バークリウム	Bk	(247)
39	イットリウム	Y	88.91	98	カリホルニウム	Cf	(252)
40	ジルコニウム	Zr	91.22	99	アインスタイニウム	Es	(252)
41	ニオブ	Nb	92.91	100	フェルミウム	Fm	(257)
42	モリブデン	Mo	95.95	101	メンデレビウム	Md	(258)
43	テクネチウム	Tc	(99)	102	ノーベリウム	No	(259)
44	ルテニウム	Ru	101.1	103	ローレンシウム	Lr	(262)
45	ロジウム	Rh	102.9	104	ラザホージウム	Rf	(267)
46	パラジウム	Pd	106.4	105	ドブニウム	Db	(268)
47	銀	Ag	107.9	106	シーボーギウム	Sg	(271)
48	カドミウム	Cd	112.4	107	ボーリウム	Bh	(272)
49	インジウム	In	114.8	108	ハッシウム	Hs	(277)
50	スズ	Sn	118.7	109	マイトネリウム	Mt	(276)
51	アンチモン	Sb	121.8	110	ダームスタチウム	Ds	(281)
52	テルル	Te	127.6	111	レントゲニウム	Rg	(280)
53	ヨウ素	I	126.9	112	コペルニシウム	Cn	(285)
54	キセノン	Xe	131.3	113	ニホニウム	Nh	(278)
55	セシウム	Cs	132.9	114	フレロビウム	Fl	(289)
56	バリウム	Ba	137.3	115	モスコビウム	Mc	(289)
57	ランタン	La	138.9	116	リバモリウム	Lv	(293)
58	セリウム	Ce	140.1	117	テネシン	Ts	(294)
59	プラセオジム	Pr	140.9	118	オガネソン	Og	(294)

‡:市販品中のリチウム化合物のリチウムの原子量は6.938から6.997の幅をもつ。　Ⓒ日本化学会 原子量専門委員会

*:亜鉛に関しては原子量の信頼性は有効数字4桁目で±2である。